智慧·经典励志丛书

低调做人·心存高志

魏贤 主编

北京师范大学出版集团
安徽大学出版社

图书在版编目(CIP)数据

低调做人·心存高志 / 魏贤主编. -- 合肥 : 安徽大学出版社，2011.10
(智慧·经典励志丛书)
ISBN 978-7-5664-0331-5
Ⅰ.①低… Ⅱ. ①魏… Ⅲ. ①人生哲学一通俗读物Ⅳ. ①B821-49

中国版本图书馆 CIP 数据核字(2011)第 209774 号

智慧·经典励志丛书

低调做人·心存高志　　魏贤 主编

出版发行　安徽大学出版社
(合肥市肥西路 3 号　邮编 230039)
印　　刷　合肥瑞丰印务有限公司
经　　销　全国新华书店
开　　本　710mm×1000mm　1/16
印　　张　11.75
版　　次　2012 年 8 月第 1 版
印　　次　2022 年 1 月第 2 次印刷
定　　价　36.00 元
ISBN　978-7-5664-0331-5

前 言

当今之世，要想成为一个成功者，必须精通做人做事的谋略。但大多数人不得其真谛，以道听途说为学问，以使巧弄诈为智慧。实践表明，要追求大成功就要有真正的智慧——大智慧。

人生充满着挑战，在挑战中追求人生的成功，是一种实现生命价值的至高境界。然而，在这个世界上，大多数人只知道羡慕别人的成功，而轻视了自己的能力。其实，人生的成功不能等待着别人的施舍和神灵的恩赐。命运在自己手中把握着，成功必须靠你自己去努力开创。而机遇并不好把握，它总是悄悄地降临到你的身边，如果你稍不留心，它就会翩然而去。因而，你应该学会用一颗热情的心对待生活，用一种智慧的眼光去发现机遇。只有这样，你才能够寻找到一把开启成功之门的钥匙。

本书荟萃人生事业的成功智慧、使你幸福的生活智慧，融汇成《智慧·励志经典丛书》大智慧。一篇篇蕴涵着生活和成功智慧的文章，犹如幸福人生的智慧锦囊，读后掩卷沉思，顿时让你看透人生的迷雾，洞察世事，练达人情，懂得成功之道，每天都有好心情和好状态。

本书将教你如何成功地做人做事，如何保持好的心情和状态。书中理论精辟，取材广泛，故事生动，说理透彻，涵盖了与人交往、方圆处世、诚实做人、精明做事等内容。人生不总是风和日丽、事事顺心，当你在困惑失意的圈子里迷转流浪时，希望这本书能够给你智慧的点拨，使你重获信心和勇气。生活中忙碌的你需要心灵的小憩，更需要成功智慧的方法与捷径，而本书则恰似成功者的圣经、好心情的当铺，品读这些励志文章，能够帮你把郁闷和不快抛到九霄云外，而把成功留下，让好心情永远伴你左右！

这些包涵人生智慧的励志文字，犹如轻抚心灵的缕缕清风，让你瞬间领悟人生的真谛，平淡对待得失，超然面对繁华；畅达时不张狂，挫折时不消沉。在人生的历练中涵养从容的定力，在潮起潮落的人生戏台上，举重若轻，游刃有余。

有《智慧·励志经典丛书》在手，它会为你指点迷津，让你成功的信心和勇气倍增，一生如踏马平川！

目　录

第一章　做人要低调

第二章　做人不要太精明

第三章　大智若愚 大巧若拙

第四章　高调做事 成就人生

第五章　志存高远 自强不息

第一章

做人要低调

孔子先人孔父嘉说过一句话：一命而偻，二命而伛，三命而循墙走。做人不要把自己摆在比别人高的位置上，否则会让自己处于被动的境地。因此，低调做人，不仅是一种平和的处世技巧，而且也是一种自我保全的做人艺术。

做一个真正的高贵者

研究精神病的学者告诉我们:虚荣是人生的矛盾、人类的特征,它很可怕。虚荣之心会让人肩负重荷似的端着架子不放,尽管他并不具备相应的实力,也不肯放下。

这就会使人变得很虚伪。

人是天然的懦弱者,他不能离群索居,只有互相帮助、互相友爱才能抵抗一切危险的侵袭,得到安全的生活。

曾看见过两个小孩争辩,他们都是懦弱者,然而他们都要占上风。

约翰讥笑杰克,说他的头发是红的,很不体面,而对于自己的黑发,他觉得光荣自大。杰克因自己的头发遭到约翰的嘲笑而受到侮辱,他觉得痛苦极了,便设法挽救,竭力寻找约翰的弱点,于是他反驳道:“我的头发虽然是红的,可是我的父亲有一辆凯迪拉克的上等汽车,而你的爸爸却只有一辆普通的福特车。”结果是约翰和杰克成了死对头,正常的社交关系因虚荣而中断。

这个故事可以说是整个人类历史的故事,从古至今,人类的舞台都在演绎着这个故事。像不同的人种、身体,乃至眼球的颜色、鼻子的大小等等,都可以作为表现虚荣的资本。有的人以肥胖为荣,而有的人却以瘦长为美。

不管虚荣所表现的形式如何,崇尚虚荣的人都是不肯向对方示弱、示败,而是示强、示胜,这一点却是相同的。

虚荣有一种特性,即它是取攻势而不是取守势的。因此,虚荣的人,不但拿利刃刺痛他自己的低劣感情,而且还把他的刀掉转过去刺痛别人;虚荣的人,会感到周围都是他的仇敌。他不但难以享受到生活中人与人之间的快乐,而且会时常向他的伙伴宣战。

因虚荣心而发生竞争的惨剧,那是最不幸、最恶劣的事。人们因虚荣的竞争而送掉性命的惨例举不胜举,而虚荣的人能够永远维持虚荣的例子却是屈指可数。凡虚荣的人,他总有一天会和他的邻人、同事、老婆、儿女,甚至自然界发生冲突,而结果一定是一败涂地;虚荣虽然可以自欺欺人,但它断然逃脱不了伤人并自伤的结局。

解决人类的虚荣问题，关键在于改善人们的处世心态，端正为人处世的观念。假如在与人的交往中，我们表现出虚心而不是虚荣，谦逊而不是傲慢，甘当学生而不是好为人师，那么在我们身上哪里还有什么虚荣可言？还是让我们放下架子实事求是地做人吧。

自视高者必失败

对自己估计得越高，失败的可能性就越大，而实事求是地评价自己，做事情就更容易成功，而且还会让自己更坦然、更踏实，当然也就更快乐。

一个人做事固然要有自信，但自信并不是狂妄，并不是自高自大。如果将自己估计太高，期望值太高，迟早会栽跟斗。

有一则寓言讲的是两只老鹰来到密林深处，它们准备在这里定居下来，于是就挑选了一棵又高又大的橡树，在最高的一根树枝上开始筑巢，准备夏天在这儿孵养后代。

天天在树下面打洞的鼹鼠，很清楚这棵橡树的根几乎烂光了。于是它就劝老鹰："这棵树随时都有倒掉的危险，你们最好不要在这儿筑巢。"

老鹰听了心想：嘿，这真是咄咄怪事！能搏击长空的老鹰还需要你这见不得天日的鼹鼠来提醒吗？你的目光有老鹰的锐利吗？老鹰根本不听鼹鼠的劝告，立刻动手筑巢、搬家，后来又增加了一窝可爱的小家伙。

有一天，外出打猎的老鹰带着丰盛的早餐飞回家来。然而，那棵橡树已经倒掉，老鹰的孩子全部摔死了。看见这家破人亡的情景，骄傲的老鹰悲痛不已，它后悔地哭道："我太自以为是了，将自己看得太高，是自己害了自己啊！"

前面说了，人要相信自己是最棒的，但自信的同时也应该要有自知之明，要准确、客观、冷静地认识自己。自信与自知，好比是战略与战术的关系，在人生的发展上，要相信自己一定能成功，但在做某项具体事情上，要小心谨慎，不要把自己估计得过高了。

把自己估计得过高，那就是盲目自负，离惨败也就不远了。松下公司在招聘人才时，要求应聘者据实给自己打分，奇怪的是，公司一般不录用那些给自己打 70 分以上者。他们认为这种高估自己的人有很多弱点：或者眼高手低，或者自以为是，或者虚荣心强，或者不服管教，或者跳槽率高等等。

古希腊特斐尔神庙的碑铭上所刻的唯一箴言就是——认识你自己。但能够正确认识自己的人十分难得，因为对自己估计过高是人的一个通病，每个人都有刻意彰显自我的毛病。

每个人的能力有大小，能力差点并不可耻，别林斯基就说过："拿不到元帅杖，就拿铁铲吧。"当不了元帅的士兵照样可以成为好士兵。可怕的是将自己看得太高，做人做事目空一切。有的人发表了一点作品、得了一次荣誉、上了几次电视，就沾沾自喜，盛气凌人，摆架子，耍威风，真的忘记自己是谁了。

一位哲学家说得好，人飞不过鸟，游不过鱼，跑不赢豹，打不过熊……有什么值得骄傲的呢?

一位学生问老师自己何时可以取得学位，老师说：当你觉得自己无所不知时，可以得到学士学位；当你认为自己有所不知时，能够获得硕士学位；当你感到自己一无所知时，你会被授予博士学位。

这不是笑话，而是阐释了一个道理：人只有了解了自己的无知，才是真正有知。

吃苦是一种资本

我国民间有一个习俗：给新生儿先喂以大黄，然后喂以甘草汁，之后才是正常喂食。另外，白族人独特的待客之道就是著名的"三道茶"，第一道：苦茶；第二道：甜茶；第三道：回味茶。

大黄略带苦味，甘草微甜，如此"先苦后甜"与三道茶一样，包含着一定的人生哲理：做人做事要先吃苦，然后才能吃到甜。

在生活中，在事业上，在人生的旅途中，大凡成功者，谁不是先吃"苦"然后才会获得"甜"的？因此，能吃"苦"就是一种资本，一种保证今后能够得到"甜"的资本。

一个大学毕业生在应聘时，由于读的大学并不出名，专业也不热门，因此考官不打算录用他。但在面试结束时，他向考官真诚地说了一句："我能吃苦！"这句话改变了考官的主意，他让大学生回去等消息。

第二天，考官专门去学校调查了该大学生，得知他家境很贫寒，在学校期间一直吃苦耐劳。于是考官就决定录用他,因为这种能吃苦的人才是任何公司都欢迎的。

这个大学生求职的经历证明了一个道理:能吃苦,吃过苦,这就是资本!

"只要能吃苦的,坚决不要偷懒的!"这是现代企业普遍的用人标准。那些学机械却不愿意下车间、学建筑却不愿意跑工地、学管理却不愿意跑市场的大学生,虽然毕业于名牌大学,虽然成绩优秀,哪个企业又愿意聘用他们呢?

有首歌谣唱道:"人说天上好,神仙乐逍遥。成功的背后泪多少?神仙是人做,修炼不辞劳。吃得苦中苦,正果才修到。"不只是当神仙,凡是想干一番事业的人,基本上都要能吃各种各样的苦:身体劳累之苦、工作辛劳之苦、环境恶劣之苦、气候难耐之苦、离乡背井之苦、抛妻别子之苦、寂寞孤独之苦、上当受骗之苦、失败挫折之苦、血本无归之苦……

苏轼的父亲就知道"吃苦是黄金"的道理,所以在苏轼、苏辙两兄弟应试期间,他每天只给他们吃一碗米饭、一碟萝卜加一小撮盐。而这比任何"高考营养餐"都更有"营养"。

吃得苦中苦,方为人上人。一个人身体上不怕劳累,心理上不怕折磨,事业中不怕起伏,奋斗中不怕艰险,只有这样,才有可能获得成功。"苦尽甘来"说的就是此中道理。

西方有句话说得好:"上帝爱你,才叫你吃苦。"中国古语说:"天将降大任于斯人也,必先苦其心志,劳其筋骨,饿其体肤,空乏其身。"这些都说明了吃苦是一种资本。要做好一件事情,必须经过艰苦的奋斗;要获得一种本领,必须经过艰苦的磨炼。

保持低调

达·芬奇说得好:"贫乏的知识使人骄傲,丰富的知识使人谦逊,所以空心的禾秆高傲地举头向天,而充实的禾穗却低头向着大地,向着它们的母亲。"对于所有的人来说,心可以激昂,但是行为却应该低调。低调并不是无奈之举,而是一种优雅的人生态度!

低调不是安贫乐道,也不是在短缺单一时期所谓的"朴素",更不是阿

Q 精神，只有你在物质财富上有了足够的积累，你才有可能在物质享受上保持低调；只有你在精神境界上有了足够的沉淀，你才有可能在精神生活上保持低调。

低调代表着豁达。比尔·盖茨曾说过："没有豁达就没有宽容。无论你取得多大的成功，无论你爬过多高的山，无论你有多少闲暇，无论你有多么美好的目标，没有宽容心，你仍然会遭受内心的痛苦。世界上最大的是海洋，比海洋更大的是天空，比天空更大的是人的胸怀。"低调的人总是微笑着，从从容容地对待一切。这种人豁达开朗，心胸开阔。所有的痛苦和哀愁，都会在他的淡淡一笑中消失得无影无踪。当然，低调不是一种直白的自我流露，它是一种修养、一种理念，是一种至高的精神境界。

低调代表着成熟和理性。唱高调需要年轻的激情，但是在经历沧桑之后，高调会降成雄厚的低音。它使人以最成熟的心态、最理性的思考、最简洁的途径和最稳妥的方式获得最理想的结果。

低调是和含蓄联系在一起的。中国人讲究含蓄，即从表现出来的有限东西上，来反映那没有表现出来的无限东西，也就是说，含蓄可以激发你的联想和思索。低调正是如此，它是增强"意境"的一个重要手段，即使你只表现出了某个片断或局部的东西，但它可以让人"浮想联翩，思之无尽"。低调弥漫着一种深远的"意境"，给别人留下深思遐想的空间，让人产生丰富的遐想和强烈的共鸣。这里体现出来的是一种尺度和分寸。在低调的时候，你永远可以保持这种尺度和分寸。相反，你的高调会破坏这种尺度和分寸，使你丧失这种"距离美"。

低调意味着优雅，它是一种博大的胸怀、超然洒脱的态度，也是人类最高的境界之一。一般说来，低调的人比较宽容，能够尊重别人的不同看法、思想、言论、行为，甚至宗教信仰、种族观念。他不会轻易地把自己觉得正确或者错误的东西强加于人。当然，他们也有自己的观点或看法，但是，他们在坚持自己观点的同时，也会尊重别人的选择，给予别人自由思考和选择的权利。有时候，往往是豁达产生宽容，宽容带来自由。一个人只有豁达、开朗、宽容，才能接受别人，与他人友好相处。能承认他人存在的意义和作用，才能被他人所理解和接受，才能与别人沟通和交往，人际关系才会协调。合群的人，常常能够与朋友共享快乐，表现出积极的态度；即使单独一人时也能安然处之，无孤独之感。他能感受到自己存在的价值，对自己的能力、个性、情感、长处和不足做出恰当和客观的评价，不会对自己提出苛刻的、不切实际的要求；能恰如其分地确定自己的奋斗目标和做人的原则，努力发掘自身的潜能，尽量用自己的乐观情绪去感染别人，因而能赢得大家的喜爱和认同。

有品位的人不一定低调，有内涵的人也不一定低调，成熟的人也可以不低调，但是反过来我们可以说，低调的人，更有品位，更有内涵，也更成熟。

谦虚使人进步

谦虚的心态、学习的态度应该是我们人生的常态。生命的过程就是学习的过程，只有这样，成功才会在你坚持不懈的学习中向你微笑。

一家杂志社做过一项题为“最受欢迎的人和最不受欢迎的人”的社会调查，结果列“最受欢迎的人”之首的是富有才干而为人谦虚的人；列“最不受欢迎的人”之首的是自命不凡、目空一切、夸夸其谈的人。这项调查充分显示出谦虚对一个人多么重要。

如果不懂得谦虚，没有人会把成功的经验传授给你；如果刚学到一点皮毛就自以为是行家里手，飘飘然自以为是，那么，你永远也不可能达到成功的顶峰，也永远进入不了成功人士的行列。

“越成熟的果实，头垂得越低”，这是真正懂得了成功处世的诀窍后表现出来的谦虚态度。成熟的果实没有花儿那么艳丽多姿，但它把自己奉献给人们，并且留下金色的种子，为来年的丰收做准备；只有那些半青不黄的果子才会得意洋洋地挂在稍头，其实，此时的它们没有任何价值。

我们应该保持谦虚的学习态度，因为只有这样，我们才能聆听到良师的教诲。

要尊重他人的学识，真心地觉得自己在某些方面是有待学习和提高的。

谦虚的态度才是学习的态度。

谦虚的态度是打开知识宝库的敲门砖，是不断学到新知识、为成功铺路搭桥的前提。

生命是短暂的，而知识却是无止境的，所以学无止境。

我们时常爱犯这样的毛病：满足于一知半解，刚刚初窥门径就觉得自己俨然是个专家了，对同行们这个也瞧不起，那个也看不上。

结果呢？你永远不会比今天的你更进步，你永远停留在目前的状况。

这种“一叶障目”的狭隘态度是我们生活的大敌。你以为你看到了全部的山色，其实你看到的只是眼前的一片叶子，它挡住了你的视线，使你看不到秀丽的美景。

要想获得成功，就要始终保持谦虚的态度，保持学习的热情；要时刻对自己说：“我还需要学习、学习、再学习。”

甚至在你已经获得成功之后，你仍然不能为自己终于能“傲视群雄”而沾沾自喜，你仍然要谦虚，要学习，只有这样才能保持你的成功。

谦虚的态度、学习的态度应该是我们生活的常态，这样，事业就会在你坚持不懈的学习中蒸蒸日上、日渐发展。

位上谦卑，位下显贵

一个处在高位的人，如果能心怀大众，谦虚随和，不被自己的权势迷惑了双眼，那么，他必将得到大众的爱戴与追捧；即使退位之后，他的声名与光芒也不会随之隐去。

戴高乐当总统的时候，已经是 70 岁左右的老人了。但他的充沛精力和认真态度使人觉得他很年轻，很有朝气。他一天工作十几个小时，休息时间很少，更不用说去休闲和娱乐了。

戴高乐很注意和普通人接触。每当总统府举行节日团拜时，他总是叮嘱让所有工作人员都参加，包括临时工在内。大家到来之后，他和所有人一一握手。有一次，他发现一个锅炉工没有来参加，就立即派人去请。见锅炉工来了，他上前和他握手问道：

“是您烧锅炉给我们取暖吗？”

“是的，将军。”

“爱丽舍宫有多少锅炉？”

“有很多呢！”

“请接受我向您的感谢！”

有一次，戴高乐到外省视察，中途在一个小镇上休息后，刚要启程，副官告诉他，有个当年参加过抵抗运动的老兵带着孙子赶了很长的路来看他。戴高乐立刻下车，和那位老兵见了面，并亲热地交谈。

戴高乐还很重视与普通公民的通信联系。他创造过一项空前纪录：一个星期内收到群众来信 21 万封。他一年要给群众签发回信大约 20 万封，而由他起草和亲笔写的，每年达 1 万封，平均每天 30 封。

戴高乐当总统之后，他的家属行动都很谨慎，一般不在公共场合露面，以免言行不妥给总统造成麻烦，所以记者很难拍到总统家里人的照片。

有一次，摄影记者想尽方法，终于巧妙地拍下了戴高乐的长孙——16 岁的小夏尔的影像，照片中的小夏尔正十分随意地坐在一家咖啡馆的露天座位上，旁边一个法国大牌女明星陪着他。

小夏尔很快就受到了祖父的训斥。当时，戴高乐叫人把孙子带进爱丽舍宫。小夏尔自知做了错事，像个罪犯一样，规规矩矩地站在祖父桌前，而戴高乐却一言不发，站在办公桌后面一动不动，狠狠地瞪着孙子。

过了很久，戴高乐把那张"很不体面的照片"扔到小夏尔面前，严厉地说：

"你自己看一看，这成何体统！你天天到处闲逛，摆出一副花花公子的模样，你知不知道这会让父母的姓氏蒙羞？今后要把时间用在正道上，勤奋学习，老老实实做人，不能再犯了！"

小夏尔脸涨得通红，一声都不敢吭，一直等到戴高乐摆手示意他退下，才诚惶诚恐地离开了。

戴高乐夫妇不仅要求全家人具备谦逊和无私的品德，而且还常常以身作则，用行动来教育全家人要有审慎的态度。

一天，戴高乐将军的一位助手的妻子来拜访戴高乐夫人。她们聊起了圣诞节的事。

那位夫人说："噢，我们的孩子要去参加冬季运动会，那是专门为圣诞节而组织的，听说很有看头。您和您的孩子们不去看看吗？"

戴高乐夫人有些为难地回答："是啊，孩子们都吵着要去呢！可是人太多了，我们没来得及预订车票和住处，交通和住宿问题没解决，自然是去不成了。"

听了这句话，那位夫人激动得一句话也说不出来。是啊，堂堂总统夫人，竟然压根儿就没想到给某个交通部门或是旅店老板施压。要知道，单凭“总统夫人”这几个字，一切问题都能迎刃而解的。女作家克洛德?迪隆曾经记录了这样一件事，最有力地印证了戴高乐夫妇的审慎和谦虚。

1962年12月，英国首相麦克米伦夫妇出访法国。戴高乐夫人陪同麦克米伦夫人四处参观游览。星期六，两位夫人去当彼埃尔城堡参观。

当时当彼埃尔城堡是路易纳公爵名下的财产，也是一座历史悠久的古迹，平时开放给游客参观，有时公爵也在里面宴请宾客。那天，公爵正好约了朋友一起打猎吃饭，就吩咐看门人谢绝游客。

上午11点左右，两位夫人同乘一辆不起眼的小汽车，在便衣警察的护送下，来到了城堡前。下车后，便衣警察像普通游客一样，去买门票。看门人回答说：“对不起啦，诸位！今天公爵有客人，谢绝参观。”

戴高乐夫人对麦克米伦夫人微微一笑，有点遗憾地说：“真可惜，今天这么不凑巧，咱们只好回去啦！”

麦克米伦夫人客随主便，没有多说什么。于是，两位“第一夫人”在花园里散了会儿步，就离开了城堡。

看门人远远看着两位夫人的身影，突然觉得其中一位有点眼熟。他想啊想，终于隐约想起前两天的报纸上有一幅照片，照片上的人是麦克米伦夫妇，而刚才的那位夫人好像就是麦克米伦夫人。“那么……”他突然醒悟过来，“刚才那两位，岂不就是我们的总统夫人和英国首相夫人？上帝啊，我居然把她们拒之门外！”

下午吃点心时，忐忑不安的看门人来见公爵的长子，向他说明了整件事的经过，并且说：“先生，那是总统夫人和首相夫人，这准没错。我还从没见过比她们更文雅、更有气质的女士呢！”

当路易纳和客人们知道这件事之后，路易纳感到很不安，朋友们也纷纷说：

“啊哈！你这个号称世界上最好客的人，这回居然把两位‘第一夫人’拒之门外，真够讽刺意味啊！”

其他的客人也附和着，半开玩笑地说：“不错，不错。这回你这座古堡是别想让政府给你免税啦！得罪了总统夫人，这可不是件小事呢。”

但是不久以后，路易纳公爵拿到那张政府批准的免税清单，才发现当彼埃尔城堡也在上面。戴高乐夫妇严于律己，又怎么会因为这么一件小事而耿耿于怀呢?

离职后的戴高乐将军,拒绝了退休总统应该享受的年金,带着妻子回到科隆贝。他一边着手写他的《希望回忆录》,一边给老朋友们写信,显得十分心平气和。

1970年11月9日,在戴高乐80周岁生日前夕,他猝然去世了。10日,爱丽舍宫发布了将军的遗嘱,上面写道:

“我希望在科隆贝教堂举行我的葬礼。

我的坟墓必须是在我女儿安娜安葬的地方,日后我的夫人也要安息在那里。墓碑上只需写明:夏尔·戴高乐(1890—1970年)。

葬礼要由我的儿子、女儿和儿媳在私人助手的帮助下安排,仪式必须极其简单。我不希望举行国葬,不要总统、部长、议会代表团和公共团体代表参加。只有军人可以以武装部队的身份参加,但参加的人数不必很多。不要乐队吹奏,不要军号。

不要在教堂或其他地方发表演讲。国会不要致悼词。法国的男女同胞如果愿意,可以陪送我的遗体到达它最后的安息之地,以给我的身后遗名增光。但我希望静静地走完这最后一程。

我声明,我事先拒绝接受给予我的任何称号、晋升、荣誉、表彰和勋章,不论是法国的还是外国的。授予我上述任何一项,都将违背我的最后愿望。”

戴高乐的墓只占了教堂坟地的一个小角落,墓碑上只写了“夏尔?戴高乐”几个字,但是戴高乐的功绩不会被人们忘记。后来法国巴黎凯旋门所在的星形广场改名为“夏尔?戴高乐广场”。

以平常心确立人生目标

人的一生不必追求轰轰烈烈。轰轰烈烈是人生的极端之相,非大红大紫,即大悲大哀。这样度过自己的一生是很危险的。因此,切莫漠视平常,平常里蕴藉着人生无尽的福祉。平常是最正当的人生,既不奢侈,也不亏空;既不过热,也不过冷,是恰得分寸的人生底蕴。在平凡里默默走过人生的旅程,会得到成功,得到幸福,得到并非平凡的壮丽感觉。幻想轰轰烈烈的人时刻都想比别人强,比别人好,比别人高明,比别人有好运,因此,他们常常不屑与身边的普通人为伍，漠视别人的存在，不重视别人的情感。他们常自命不凡，目中无人，一旦未达到某种境界，心理上就会出现不平衡的状态。这样的人往往得不到别人的支持和帮助，得不到别人的赏识与爱护，因而也就得不到成功和幸福。

因此，你若想把人生过好，就应该看得起平凡，耐得住平凡，在平凡中找到自己的人生坐标。

有一句话是这么说的："若你的梦想比别人伟大，通常你必须忍受的煎熬就比别人多得多。"的确，很多伟大的人都是在平凡的环境里磨砺出来的。他们每天要应付很多的例行琐事，要赚钱养家，要照顾孩子，要面对客户，要应付老板。不过，他们不仅没有怨叹，反而甘于平凡，享受平凡，点点滴滴去累积自己的成就。

"心有不平"的怒气，只会把你陷在原地动弹不得；享受平凡，你的梦想才能无拘无束、自由自在地行走。

邓志浩是一名艺术工作者，融戏剧、音乐、绘画、创作于一身。很多人以为，从事艺术工作的人通常都活得多彩多姿。然而，十年来，邓志浩偕同太太和一对儿女隐居山林，过的却是最简单、最朴素的生活。

住在山上的邓志浩，最喜欢做的就是"家务事"。他说，家务事看起来琐碎无趣，但这些表面平凡的动作，给人的启示却很不平凡。

比如，他每天起床后的第一件事就是要查看水源，他沿着水流一路走去，一直走到尽头。原来，水源处只有一点点极其细微的水，完全不是一般人想象的水流湍湍的景象。他反思："任何一条大江、大河，都是汇集四面八方而来的水流，一点一滴才形成的。创作不也是如此吗？"

由于工作的关系，邓志浩经常应邀上台表演。有一年，他到乌克兰基辅市去拜访当地颇知名的剧团导演谢尔盖先生，对方请他到家中做客，邓志浩发现他的住处十分狭窄，生活也非常俭朴。"这样的环境怎么能从事创作呢？"邓志浩满腹疑惑。

随后，谢尔盖先生带着他到附近的第聂伯河去乘船，又到森林里散步，并对他说："我每天都来这里思考、找灵感。"邓志浩立刻恍然大悟："喔！原来一个伟大的艺术家平常做的就是这些事，他的创作灵感都藏在大自然里。"

邓志浩认为，"享受平凡"其实就是给自己时间好好去生活，因为"生活”本身就是“大师”，很多智慧其实都来自生活。就以他自己为例，丰沛的创作素材也都取自生活。倾听风声、雨声、水声、树叶声，看天上的星星、月亮，到邻居家串门子、喝茶、吃花生、说故事，这些平凡的事都会让他有所感悟。

谁说人一定要活得如舞台般光灿夺目？邓志浩活得平凡实在，生命里却一样有精彩。

外人看资深创意人黄碧霞这些年的表现，总觉得她是很有野心、很有计划地一步一步向目标迈进。然而黄碧霞说，她内心真正想做的其实只是一个“平凡的自由人”。

几年前，黄碧霞原本在一家颇负盛名的大型广告公司上班，职务、薪水都不错。不过，她却无法接受在那里老板要求部属无怨无悔地熬夜加班，或者必须和老板走得很近，如此才能表示自己的忠诚，否则就无法成为“主流派”。

黄碧霞对这种“文化”很不以为然：“在我看来，那些冠冕堂皇的理由都似是而非，并没有真正尊重每一个单独的个体。”后来，她决定舍弃看似光鲜的头衔，放弃为人称羡的待遇，单枪匹马自组个人工作室，使自己回归成一个普通的自由人。

黄碧霞认为，“平凡”二字说来简单，很多人却做不到，因为他们习惯活得复杂。比如，广告圈很流行去 Pub 喝酒，去 Disco 狂欢，好像不到这种前卫的场所去追求感官的刺激就找不出灵感。

“其实那种喧嚣的背后是很虚无的，何必把生活弄得那么激烈呢？”

有一回她去打禅，与她一起坐禅的人不乏社会上的知名人士，她记得其中一名女士感慨万分地说道：“在这里，我没有名字，也没有头衔，我终于能恢复自己原来的真面目，专心去体会生活，而不必为了维持外在的光环活在既定的框框里。”

黄碧霞颇有同感。她得出一个结论：平淡就是美，平凡就是福气。假使一个人创造了诸多的丰功伟业却从来没有好好坐下来专心吃过一顿饭，那么，所有的努力不是都变得很可笑吗？

承认自己的错误

不愿意承认错误是人的本性。做错事后，大多数人都不愿意承认错误，有些人甚至还费尽心思寻找各种各样的说辞来为自己的错误开脱，以此来证明自己并没有错，而是别人错了。但是，作为一个管理者，你却必须改变这种习惯，因为你越能承认错误，你走向正确的可能性就越大，你达到理想目标的可能性也会越大。

智慧者清醒地认识到，每一个人都会犯错误，所以他不会害怕承认自己的错误。他知道，自己永远无法摆脱错误，因为人人都会犯错。但是，大多数人不肯认错，总喜欢推诿过错。他们认为承认错误是懦弱的象征，承认错误会使他们觉得很难堪。他们担心会因此而在下属、同事眼中丧失信用，因而他们努力地掩饰错误，而且希望没有人发觉。

其实，在掩饰错误的时候，这些人错过了真正能够改进的机会。对于管理者来说，这种毛病可能是致命的。因为你看不到自己错误的原因，你越推诿责任，就越难以改正自己的错误。改正错误的前提就是首先承认你的错误，只有这样，你才能从错误中走出来。

所有优秀的管理者都敢于承认错误。

迈克尔·戴尔凭借直销方式在个人计算机行业掀起了一场革命，借助这一模式，戴尔公司不但保持了经营上的低成本，而且创造了极高的客户满意度。尽管该模式始创于很多年前，但戴尔公司至今仍然遥遥领先于竞争对手。在戴尔公司，员工可以对任何问题提出质询，甚至责难老板。戴尔认为，管理人员必须勇敢地承认错误，坦然面对错误。戴尔的工作原则就是:不找借口，承认错误。

有些管理者性格比较暴躁，不大喜欢听取别人的意见。如果有人向他们提出批评，他们的第一反应就是去反驳。其实，反驳并不能使问题得到解决，相反，可能还会使矛盾激化。当对方提出批评意见时，管理者应该认真地倾听，即使有些观点自己并不赞同，也应该让批评者讲完自己的意见。另外，管理者应该很坦诚地面对批评者，表现出很愿意接受批评的态度。

一个人可以犯错误，但是不应该为自己的错误寻找托词来回避责任，这样容易使人养成很坏的习惯，因为一个找托词逃避责任的人，肯定认识不到自己的错误，他不会从自己的错误中得到任何教训，也不会去仔细分析自己的错误。如果连分析错误的勇气都没有，他怎么可能改正错误呢？

对于管理者来说，敢于承认错误的态度是至关重要的，而且承认自己的错误并不一定就是坏事情，它不会影响你的权威，不会让你的下属看不起你。相反，如果你果敢和谦逊，你的下属会更加尊敬你，因为你承担了自己应该承担的责任，因为你有勇气。同时，如果你敢于承认自己的错误，将会使员工和你更加亲近。他们会形成一种印象：你不是高不可攀的、盛气凌人的老板，你和他们是亲密的朋友。

不要轻视下属

做老板的人都喜欢给人留下精力充沛、做事果断的印象，喜欢以强有力的形象出现在下属面前，这是正常的老板心态。但也有一些老板的心态有失偏颇，不十分理智。

在这些老板的心目中，自己是管理者和统治者，公司的员工是被管理、被统治者，两者根本不能混在一起。他们崇尚无威不治，故意疏远下属，认为做老板就要有做老板的样子，只有高高在上，让下属敬畏，下属才会努力干活，不捣乱生事。下属必须任由自己驱使，每个人都得对自己卑躬屈膝，迎合自己的情绪和癖好。他们与下属之间永远有一道不可逾越的界线。

这样的老板随着自己事业的发展，他的影响力和威信却反而会不断下降。

而"糊涂"老板却不这样统领下属，他甚至没有老板的意识，也就更不会端老板的架子了。他十分随和地往来于员工之中，平常根本看不出他与众不同的身份。下属可以很随便地对他说："喂，老板，你的领带今天又打歪了。"他也会在高兴时拍着某助手的肩膀，请他到对面的小店去喝杯小酒。

"糊涂"老板不仅不把自己当老板，还没有"我的"、"你的"的概念，他总是用"其实不是下属们在为我工作，而是我和他们共同为大家工作"的观念去思考问题。在他的公司里，每个员工都有自己的梦想和追求，他绝对不会用某个框框去限制大家，反而尽最大可能支持他们。

“糊涂”老板从不轻易得罪下属，从不对下属说一句苛刻的话。即使是下属错了，他也会平心静气地与下属一起研究和解决问题，更不会抓谁的小辫子，打击那些直言进谏的人。下属可以随时发表自己的看法：“老板，我觉得你提的某某建议不是很可行，我们建议……”他会十分兴奋地告诉下属：“好吧，这事你直接负责，就照你说的去做吧。当然，如果在做之前你能考虑一下我的建议，也许会更好些。”

“糊涂”老板不会为维护自己表面的尊严而去色厉内荏地对待任何人。他的处世原则是：重要的不在于谁是对的，而在于什么是对的。

最终的结果是怎样的呢？“糊涂”老板这样做并不傻，那些威严无比的独裁老板得到的是别人的畏惧与怨怒，而“糊涂”老板得到的是兄弟般的亲情和众志成城的人心。短时间里，两者可能难分高下，因为恐惧和压力有时也会产生巨大的能量——当老板向员工下达命令“我要你在这个日子以前完成这项工作，完不成你只好去财务科结清本周的薪金”时，这项工作可能真的就完成了。然而从长远上看，高威高压会产生许多恶果。为了逃避责任，员工们会刻意掩盖失误，发现问题也不上报。而那些有能力、有性格的人会抽身离去，好的人才不愿意进来。起初可能察觉不到，渐渐地，这些消极的态势便会交叉感染，直至造成整个公司的衰落。

“糊涂”老板的糊涂做法，有效地抹去了下属与老板之间的敌对与不信任，大家打成一片，相互激励，全公司形成一个团队。个人的目标就是共同的目标，公司的事就是自己的事，而一个人为自己做事时，是不会有怨言的。

一个人事业的成功当然要依赖下属的全力支持，一个具有亲和力的老板更容易做到这一点。靠端架子、摆威仪来树立自己威信的老板，只会成为孤家寡人，越活越累，而那些糊涂得“忘了”自己身份的老板，将越做越轻松。

与下属打成一片，以个人魅力而不是靠权术统领下属的老板是最成功的老板。

说话要适合自己的角色

英国著名的维多利亚女王，与其丈夫相亲相爱，感情和谐。但是维多利亚女王乃是一国之首，成天忙于公务，出入于社交场合，而她的丈夫阿尔伯特却和她相反，对政治不太关心，对社交活动也没有多大的兴趣，因此两人有时也会闹些别扭。有一天，维多利亚女王去参加社交活动，而阿尔伯特没有去。已是深夜了，女王才回到寝宫，只见房门紧闭着。女王走上前去敲门。

房内，阿尔伯特问："谁？"

女王回答："我是女王。"

门没有开，女王再次敲门。

房内阿尔伯特问："谁呀？"

女王回答："维多利亚。"

门还是没开。女王徘徊了半晌，又上前敲门。

房内的阿尔伯特仍然问："谁呀？"

女王温柔地回答："我是你的妻子。"

这时，门开了，丈夫阿尔伯特伸出热情的双手把女王拉了进去。

作为女王的丈夫，阿尔伯特一开始就知道敲门的人是自己的妻子，他的两次发问实是明知故问。为什么维多利亚前两次敲门都遭到了拒绝，叫不开门，而最后一次丈夫开了门并热情有加呢？这是由于前两次她没有将自己的身份做合适的改变，心理状态没有随着交际环境及对象的变化而加以调整，她的语言和她在此时所扮演的角色发生了严重的冲突，从而造成失误。

女王第一次上前敲门时回答说"我是女王"，她这种自称是在维护自己的尊严，这样的态度应该在宫殿上运用才适合，这表明交际双方的关系是君臣关系。而现在是在寝宫之中，面对的是丈夫，所以她这样回答显得态度高傲，咄咄逼人，没有满足作为丈夫的阿尔伯特的自尊心理，因而丈夫没有开门，女王也就陷入了窘境。第二次敲门时女王的回答是"维多利亚"，这一回答比第一次回答时的失误程度要轻得多，但是"维多利亚"这个称呼是中性的，似乎只是一个冷冰冰的代号，调子仍然没有放到位，没有显现出作为妻子角色的感情色彩，因而效果也不好，唤不起丈夫的亲昵之感，故而丈夫也没开门，女王再一次陷入窘境。第三次敲门时女王回答说“我是你的妻子”，体现了作为“妻子”的角色意识，传达出妻子特有的温柔和浓烈的感情色彩，她的心态适应了具体的场合和对象，把交际双方的角色作了明显的定位，极大地满足了阿尔伯特的自尊心理，于是先前的不愉快一扫而光，效果极佳，不仅敲开了房门，也敲开了阿尔伯特的心扉。门打开的同时，也解了窘境之围。

在生活的舞台上，我们每个人都离不开一定的场合，时刻都在扮演着某种角色。因此与人交际时，不仅在传递信息，而且还包含并规定了双方——表达者与接受者的角色关系，人们期待你说出的话符合角色规范。我们常常听人说，某某人今天说话有失体统，往往就是指他所说的话有悖于人们所期待的角色规范。这样交际的效果就不会好。

然而这种角色不是一成不变的，随着场合的变化和交际对象的变化，角色就有可能转换。前苏联社会心理学家安徒列耶娃说：“实际上每个个体所担任的(角色)不只是一个，而是几个社会角色，他可能是会计、父亲、工会会员、混合足球队队员，有些角色是在人出生时就已确定，另一些角色是在生活过程中获得的。”同一对象在不同的环境里往往表现为不同的角色，彼此的关系也就跟着变化，这种变化往往是通过说话表现出来，不然就会发生角色错位，该高不高，该低不低，这些都会极大地影响本身与外界的关系。同样是维多利亚女王，在宫殿上是女王，回到寝宫就是妻子，她的语言形式也应该发生变化，因此，人们的语言一定要符合自己角色身份的转换，到什么山上唱什么歌。

低姿态进入

“你们知道现在流行的一句最有意味的名言是什么吗？”

在一次朋友聚会的酒桌上，一位闯荡社会多年的大哥喝过酒之后这样问大家。

大家你望望我，我望望你，最后都说“不知道”，都催着他“快说快说”。无论如何，大家对名言都是感兴趣的，更何况还是流行的名言。

“低姿态进入。”他顿了顿加强语气说，“知道吗？低姿态进入。”这时候在座的朋友们就一齐“哦”了一声，并且都恍然大悟似的连连点头，这名言真的是有哲理。

一位搞了一辈子音乐的老艺人与一群爱好音乐的年轻人闲谈，谈着谈着他就冒出一段又一次使年轻人深彻大悟的话来：“搞音乐的都知道一句‘软起首’的行话，所谓软起首，就是一支歌也好，一段音乐也好，一般都会用低音开头，因为只有用低音开头，后面才有尽可能多的回旋余地，才容易不断地创造出高潮来，并且和听众的欣赏心理相吻合。”

“低姿态进入”、“软起首”，多么发人深省的启示啊。

社会的大门其实很低很窄，只有低姿态进入，才不会撞得头破血流。

要想进入一扇门，就必须让自己的头比门框更矮；要想登上成功的顶峰，就必须低下头弯下腰做好准备工作；要想掌握真才实学，就必须谦虚谨慎；要想有所建树，就必须胼手胝足。这些姿态无一不是低姿态。入门就要低头，做事就要俯下身子，待人就要谦虚真诚，否则就难免碰头、碰壁。低姿态进入，是一种境界，是一种气度，我们以低姿态开始，是为了向更高的目标进发。有着“美国之父”之称的富兰克林先生在年轻时曾经历过这样一件事情：富兰克林去拜访一位前辈，当他昂首挺胸大步进屋时，一头撞到了门框上，疼得他不停地用手揉搓痛处。这位前辈笑道：“很痛吧？可是，这将是你今天来访问我最大的收获，也就是我想告诉你的道理。”这段故事与中国历来的哲理教育不谋而合，是一次当头棒喝的惊醒，是一次醍醐灌顶的洗礼。

如果我们肯于去倾耳聆听，我们就可以听到轻风是如何起于青萍之末的；如果我们能够去追流溯源，我们就能够看到长江大河是怎样由涓细之流汇聚起来的；如果我们可以去观察，我们就可以观察到生命是如何从细胞核萌生成长起来的。

任何事物的发展都有它的过程，人的成长也有他的轨迹，我们应该顺乎自然地遵循规则，正本求源。做事应该如此，做人更要抓住事物发展的基本规律，调整自己的心态，也调整自己进入的姿态。运动学认为，低态是运动的准备姿态，也是达到爆发必然经过的姿态，做人也包含着同样的道理。

装傻的美国总统

对英文不好的人来说，从电视里看美国大选是最佳的入门听力训练。候选人一个州一个州地巡回讲演，车轱辘话重复地说，一遍听不懂，还有第二遍、第三遍。最后，我们的英语听力也都跟着大有改进，上课也轻松多了。

不过，刚刚听懂之时，首先感到的还是对美国政治家的失望。按说，美国人才济济，它的总统又是我们这个星球上权力最大的人，能够选上的，或者说能够进入最后一轮竞争的，应该是这个社会中精英的精英。可是听听总统候选人的讲话，实在是简单得没有水平。比如克林顿，曾被有些评论家称为美国历史上智商最高的总统，可是他在一次公共集会上这样演说："我们的国家要向前进步，不能倒退。就像我们手中的录像机的遥控器，我们要摁前进的键，快进的键，而不是倒带的键。"这算什么？我们听了他的讲演，可能开始时都会有这样的感觉：说这些要什么智商？还不如我们呢。即使他自己找不出话来讲，难道那么多助手、顾问都不能帮助他想几句精彩的句子吗？

时间久了，我们才渐渐明白了其中的奥秘。美国虽然名为民主政治，实际上还是精英治国。这一点，看看近20年来总统的文凭就明白了。不过，精英治国和草根民主之间却必须有个接合点，其中最重要的就是精英政治家要能够用最粗浅、最简单的话和最"没水平"的小民百姓对话。不管你的思想有多么高深，你必须能够用最生动、平白的话向哪怕是大字不识的人表达得清清楚楚。没有这个本事，你最好还是改行干点别的。

一个人想成为统治者，就必须向选民表明：我是你们中间的普通一分子，我和你们一样，所以才最理解你们的利益。因此，精英们在政治上想成功，不是靠跟人家"摆谱"，抬高自己，而是低就大伙，设法把自己打扮成一个小民百姓。

换句话说，当政治家要能高能低。由高到低的跨度越大，常常就越成功。

布什就是一个例子。论他的出身，其实就是个皇太子，是所谓"含着金勺子出生"的特权阶层，精英得不能再精英了。然而，他不知道从哪里学来一口德州的土腔，在竞选时，他甚至不愿提他在耶鲁受过教育。人们称他就像个加油站修车的憨厚伙计（美国人修车常受骗，也许正因为如此，伙计憨厚不憨厚就显得特别重要）。在选民看来，他是大家中的一分子，笨头笨脑没有坏心眼，值得信任。戈尔则懂得太多，老想教你点什么。脑筋太聪明就难免滑头，于是大家对他既不喜欢，也不信任。用一句老太太的话说："我是不会从这么一个人手中买二手车的。他当总统我信不过。"

太精明的人，就会给人一种不太可靠的感觉。这样的人要想赢得人缘，似乎有些困难。有智慧的人会将精明与通俗有机地结合起来，让人们觉得平易近人，不清高自鸣，这样就拉近了彼此之间的距离。

永远谦恭地出现在别人面前

日常工作中不难发现这样的同事：其人虽然思路敏捷，口若悬河，但一说话就令人感到他的狂妄，因此别人很难接受他的任何观点和建议。这种人多数都是因为喜欢表现自己，总想让别人知道自己很有能力，处处想显示自己的优越感，从而获得他人的敬佩和认可，但结果却往往适得其反，反而失掉了在他人心目中的威信。

事实上，那些谦让而低调的人总能赢得更多的朋友；相反，那些妄自尊大、高看自己、小看别人的人往往会引起别人的反感，最终在交往中使自己走到孤立无援的地步。吕坤在《呻吟语》中说道："气忌盛，心忌满，才忌露。"他把心满气盛、卖弄才华视为待人处世的大忌。

在交往中，任何人都希望能得到别人的肯定性评价，都在不自觉地强烈维护着自己的形象和尊严。如果他的谈话对手过分地显示出高人一等的优越感，那么无形之中就是对他自尊和自信的一种挑战与轻视，排斥心理乃至敌意也就不自觉地产生了。

很多时候，我们面对的大多不是什么大是大非的原则问题，没必要针锋相对。退一步，别人过去了，自己也可以顺利通过。宽松和谐的人际关系，可以给我们带来很多方便，又避免了许多麻烦。假如你胸怀鸿鹄之志，可以一心一意去积蓄力量；假如你只想做普通人，可以活得从从容容，逍遥自在。可进可退，两头是路，何乐而不为？

或许你会说这样做过于世故，过于圆滑，压抑了人性的自由发展。其实不然，这里所讲的收敛恰恰是保护个性健康发展，成功实现自我价值的一条捷径。

现实生活中，由于年轻气盛、爱出风头而处处碰壁的大有人在，但他们最终还是为了适应社会，不得不磨平棱角，锐气尽殆，甚至一事无成。好刀出在刃上，一个人的锋芒应该在关键的时候、必要的时候展露给众人，那时人们自然会承认你确实是一把锋利的宝刀。但不应时不时地拿出来挥舞一番，直杀得别人片甲不留方才甘心。刀刃需要长期的磨砺，只图一时之快，不懂保养，只会令其加速钝化。

英国大文豪萧伯纳赢得了很多人的尊敬和仰慕。据说他从小就很聪明，且言语幽默，但是年轻时的他特别喜欢崭露锋芒，说话也尖酸刻薄，谁要是跟他对一次话，便会有受到他一番奚落之苦。后来，一位老朋友私下对他说："你现在常常出语幽他人之默，非常风趣可喜，但是大家都觉得，如果你不在场，他们会更快乐。因为他们比不上你，有你在，大家便不敢开口了。你的才干确实比他们略胜一筹，但这么一来，朋友都将逐渐离开你。这对你又有什么益处呢？"老朋友的这番话使萧伯纳如梦初醒，他感到如果再不收敛锋芒，彻底改过，社会都将不再接纳他，又何止是失去朋友呢？所以他立下誓言，从此以后，再也不讲尖酸的话了，而要把天才发挥在文学上。这一转变不仅造就了他后来在文坛上的地位，同时也使他广受各国人民的敬仰。

你要是比别人聪明，不一定要张扬着让他人知道，时间会证明一切的。收敛锋芒，韬光养晦，使你在与人共事时留下较大的回旋余地，是一种必要的自我保护，也是让旁人敬佩的一种内在气质。

从另一方面讲，谦虚而低调的人往往能得到别人的信赖。因为谦虚，别人才不会认为你对他构成威胁，你也会赢得别人的尊重，与之建立良好的关系。

韬光养晦，奋起勃发

有的人看上去很平凡，甚至还给人窝囊、不中用的弱者感觉，但这样的人并不能小看。有时候，越是这样的人，越是在胸中隐藏着远大的志向抱负，而这种外表的"无能"，正是其心高气不傲、富有忍耐力和成大事讲策略的表现。

这种人往往能屈能伸、能上能下，具有普通人所没有的远见卓识和深厚城府。

刘备一生有“三低”，也正是这“三低”成就了他的蜀汉王国。

一低是桃园结义。与他在桃园结拜的人，一个是酒贩屠户张飞，另一个是在逃的杀人犯关羽。

而他，刘备，皇亲国戚，后被皇上称为皇叔，却肯与他们结为异姓兄弟。

他这一低，两条浩瀚的大河向他奔涌而来，一条是五虎上将张翼德，另一条是儒将武圣关云长。刘备的事业，由这两条大河开始汇成汪洋。

二低是三顾茅庐。为一个未出茅庐的后生小子，刘备前后三次登门拜见。

不说身份地位，只论年龄，刘备差不多可以称得上是诸葛亮的长辈，可这长辈却连喝两碗那晚辈精心调制的闭门羹，且毫无怨言，一点都不觉得丢脸。

这又是一低。这一低便有一条更宽阔的河流汇入他事业的汪洋，也求得了一张宏伟的建国蓝图，一个千古名相。

三低是礼遇张松。益州别驾张松，本来是想把西川地图献给曹操，可曹操自从破了马超之后，志得意满，骄人慢士，数日不见张松，见面就要问罪，后又向他耀武扬威，引起对方讥笑，又差点将其处死。而刘备派赵云、关云长迎候于境外，自己亲迎于境内，宴饮三日，泪别长亭，甚至要为他牵马相送。

张松深受感动，终于把本打算送给曹操的西川地图献给了刘备。这一低，蜀汉王国最终确立。

一个人，不管你是否已取得成功，都应该谨慎谦和，礼贤下士，而不能得意忘形，狂态尽露。

心气决定着你的姿态，姿态影响着你的事业，学会做弱者，才能成为最终的强者。

因此说，只有那些懂得得胜不骄、居功不傲的人才是真正懂生活、会做事的人。表面上看，他们似乎是弱者，可他们却会因此而成为强者，成为前途平坦、笑到最后的人。

向同事学习是一种美德

有些人认为，同事是自己在公司里的竞争对手，是职场上互有戒心的同行者，是对外保持一致而对内各怀心事的搭档，是唯独不值得信赖和学习、不可以推心置腹互相借鉴的人。

如果同事也这样认为的话，那么在职场中，你就不会有和谐、舒心的感受，有的只是怀疑、不安、紧张和愤懑的情绪。

其实，“三人行，必有我师焉”，同事就是你身边最好的老师，也是让工作变得美好的关键人物。你为何不能放低姿态将同事视为良师益友呢？

向同事“拜师学招”的意义其实是聪明地、适度地示弱，这样容易使得趋于戒备和紧张的同事关系得到缓和。在逞强争胜已经成为一种流行病的职场中，灵活地示弱更容易感动别人，更容易得到别人的好感，同事好为人师的心态也会因你的行为得到满足。一旦同事向你支招，友谊的花朵就会在不知不觉间盛开，彼此之间一种惺惺相惜的轻松氛围也会形成，你们之间的紧张关系也会有意想不到的改善。

向同事学招，看看他们遇到难以解决的问题时是怎样化险为夷、拨云见日的，这样还可以帮你提高自身的能力，何乐而不为呢？你可以找一找同事的优点，然后对他说：我要拜你为师，请多多指教。如果你这样去做了，你会发现，同事并不像你以前所认为的那样“面目可憎”。

在公司里，要想做事少碰钉子、少失误，最聪明的办法也是多参考同事的意见，因为这些意见常常是他们付出代价换来的经验之谈。

比如，在一家公司市场营销部就职的李强工作了一段时间后，感觉到很不顺畅，为什么？原来公司连着四个月的业绩评比表中，李强都在女同事萧萧之下，屈居第二，他很不服气。他认为自己工夫下得不比萧萧少，资历也比她老，怎么可能落在她后面呢？萧萧这个进公司不到三年的小妮子，所掌握的客户资源竟然比他这个元老的多一半。好胜心强的李强决定与萧萧一拼高低。

于是，李强想方设法进入萧萧的电脑系统，查看她的客户分布，冒险去挖她的客源。萧萧知道此事后非常恼火，当面指责李强“恶性竞争”、“挖别人的墙角”，并对他提出严重警告：再这样下去，就别怪我不顾你这位老前辈的面子，把真相告诉老板。因此两人的关系闹得很僵。

经过反思，李强心头豁然开朗：现在的“新新人类”性格直爽，只要我放得下老前辈的架子不耻下问，她一定会尽释前嫌，并把盘活客户资源的技巧告诉我。问题一想通，李强的心头轻松多了，他特意邀请萧萧去健身，并诚恳地向她请教一些问题。这次倒是萧萧不好意思了，她说：“以前我对你的态度有些过分，请多谅解。”并讲了一些自己做营销的心得：“其实也没什么，只不过是我看书多、上网多、领悟快、进步大一些罢了。做营销，发展新客户是一条路，而盘活老客户更重要。如果老客户感觉到你的诚信和友善、你的关爱和热情，他可能就会把他的亲朋好友介绍给你，成为你的新客户。我特别准备了一个笔记本，记录客户的特殊情况，以便在细微处做文章，比如到某地出差时顺便看望客户刚刚考入该地大学的孩子；在特殊的日子里，替当日有重要会议的人送一束鲜花给他的家人……我从不以为这是工作以外的琐事，相反，干这些工作就要有‘功夫在诗外’的精神。我为每位老客户都设立了生日档案，他们过生日，我会亲自做一张精致的贺卡，并配上小礼物邮寄给他们，很多客户收到时都深受感动，特地打电话表示感谢……”

李强听了这些恍然大悟，原来如此。在以后的工作中，他也用起了这几招，业绩果然迅速攀升，与萧萧旗鼓相当了。更为可喜的是，他与萧萧的关系更融洽，合作起来也更愉快了。

这就是求教于人的好处，不但能让你在迷途中找到方向更快地前进，还能改善与同事的人际关系，工作起来更加舒心快乐。

在现代职场上，同事中的良师益友是工作中不可或缺的“必需品”。良师益友也许并不能帮你避免做好工作、成就事业的过程中必须付出的代价，但他却可以指引你更好更快地走过这条路。一名出色的向导不仅能指出无数条通往相同目的地的道路，还能帮你找出最佳路径，告诉你哪些踏脚石可以帮助你安全过河。他虽不能代替你跨过河流，却能告诉你应避免哪些可能使你落水的危险地带。

同事中的良师益友能在平等的基础上提供帮助与指导，他们有十分宝贵的信息与经验，并且愿意与你分享，而这些正是为你开启光明前途大门的钥匙。

怎样才能获得一位良师益友呢?

要获得良师益友,就要观察你周围的同事,找一找会和你一起说笑的人、受尊敬的人、受欢迎的人,同时也不要忽视了那些含蓄、安静却有许多地方值得你去学习的同事。

当你找到了心目中的人选以后,就要像个聪明乖巧的小学生一样,表现出你诚恳、谦虚、用心的态度。要知道,被提携的艺术在于表达忠诚、保持安静、热衷学习并愿意自我克制,以此换取将来更多的回馈。

如果你的身边有几个可以为师的同事,那么你的进步也肯定是显而易见的,这必然使你的职场竞争多加了一个砝码。永远都不要怀疑,同事就是你身边最好的老师。许多学有专长的同事其实很愿意与你分享他们的知识和经验,那你就根据自己的目标与时间,随时找寻可以指导你的良师益友吧。只要你摆正心态,放低姿态,一定可以学到更多的东西,获得更多的收益。

卑微者不招人怨恨

整理历史遗迹时,人们发现,在遗留下来的古罗马雕塑中,被人为破坏最多最严重的,是那些以帝王豪杰为题材的作品。尽管这些雕塑价值连城,属于珍品,但它们还是没有逃过一次次历史的劫难。无论是战争还是民族灾难,人们都会拿这些帝王豪杰的化身来开刀出气,将他们毁坏得一塌糊涂。

至今为止,在保留下来的完整古罗马艺术品中,没有一件是帝王人物。凡是显赫一时、驰骋江山的人物的雕塑,几乎都被毁坏。保留最为完整的,倒是一些下等人和小人物的雕塑。其中一位为帝王进贡的男佣石雕最为完好:他单腿下跪,两手向上托着一个果盘。无论是姿态还是形象,都是一副无比卑微的模样,让人看了,不禁唤起心中的怜悯,不忍心去碰他。

无独有偶,在中国,人们在古代遗留下来的文物中同样发现,帝王将相的雕塑被毁坏得最多、最惨。千百年来,各地几乎没有留下一件完好的帝王将相塑身,不管是泥塑还是铜塑,几乎都被毁坏,其次就是那些所谓的英雄豪杰和名门贵客。

在各地,保留较为完整的历代雕塑中,几乎也都是一些以卑微者为题材的作品。

在贵州，一件相当值钱，离现代900多年的出土文物，竟然也是一尊卑微者的泥塑。保存之完好令人惊叹，浑身竟然没有一点的磕碰。人们不得不为这一现象深深感叹。

巧合的是，在现实生活中，卑微者也是受到极大保护的。

据心理学家和历史学家考证，卑微者本身就能使其逢凶化吉，躲过灾难。卑微者的表现，原是人类自身的一种最原始的自我保护现象。人在危难与险境中，只要肯低下头来，表现卑微，危险往往就会降低一半。许多卑微者实际上是最没有危险、最少麻烦的人，而危险总是更多地降临在那些豪杰与英雄们的身上。

美国人琼斯曾做过一个实验，他在电脑上制作出一些有代表性的人物，供人们在游戏中击打。其中一些大块头的人物和小块头的人物同时出现，结果，威武的大块头被击打的比率是百分之八十多，小块头的人物被击打的次数相对就少了许多。

当把一个老板和一个员工放在一起时，挨打最多的自然是有势力的老板。这与现实生活中人们恭维、敬畏甚至惧怕老板的情景完全相反。把帝王和贫民做成一对电脑人物，帝王挨打的次数则是贫民的数十倍甚至数百倍，人们谁也不再去恭维帝王将相。

躲过危险的，总是那些处在低下位置的人；引起人们不满、遭到人们攻击的，往往是那些受人尊敬、被人爱戴的大人物。在这里，事物反差得成了阴阳两重天地，全都调了过来。

平日，人们崇尚高大，崇尚勇敢，习惯追随大人物。卑微者往往被忽略，被搁在角落里。心理学家以为，这种忽略，恰恰含有一种平易、平常的成分。因此，卑微并不一定都是坏事，卑微者的身上总有一种谦让，一种容忍，一种甘居下风的姿态。作为活人，他们被人同情；作为雕塑，他们被完整地保留下来，这都说明了他们身上固有的宝贵一面。

人的一生不光要追求威武和强大，有时也要学会卑微，学会低下头来。因为有时这才是我们真实的一面和别人认为我们可爱的一面。

谦和处世

人际交往中，“劳谦虚己，则附之者众；骄慢倔傲，则去之者多”。谦虚待人，愿意和他亲近交往的人自然就多；骄傲自大，盛气凌人，原来和他亲近的人也会离他而去。谦虚是人品、学识、修养高的表现，骄狂傲慢的人往往是浅薄无知的人。这种人摆出一副盛气凌人、不可一世的俗态，只会引起别人的反感，不能获得别人的尊敬和信任。

《庄子》中有多则斥骄的故事。其中有一则说：宋国有一个叫曹商的，替宋王出使秦国。去的时候他得到几辆车马，回来后宋王很高兴，又赏给他一百辆车马。曹商洋洋自得，对庄子说：“在陋巷过苦日子，我没有这种本事；游说大国的君主，使其悔悟，因而得到百辆车马，这是我的长处。”庄子对他说：“秦王有病召医，破痈溃痤者得车一乘，舔痔者得车五乘，所治愈下，得车愈多。你难道为他治痔了吗？为何得了这么多车？”

《庄子》对这种得志小人的骄狂之态刻画得活灵活现，而其入木三分的辛辣讽刺更是发人深省。这种人的人品已亏，又如何能得到别人的尊重和信任呢？

日本著名的企业家松下幸之助在谈论人生时用了盲人走路的比喻，他说：“盲人的眼睛虽然看不见，却很少受伤；反倒是眼睛好的人，动不动就跌跤或撞倒东西。这都是眼睛好的人自恃眼睛看得见而疏忽大意所致，而盲人走路却非常小心，一步步摸索着前进，脚步稳重，精神贯注。人的一生中，若不希望莫名其妙地受伤或挫败，那么，盲人走路的方式就颇值得引为借鉴。”

《红楼梦》中的荣国府，在元妃省亲时，场面是极度铺张的。当时大观园的奢靡繁华达到极致，权势赫然冲天，可是正应了元妃的话，有权有势不可使尽，金山银山也有挥霍尽净的一天。荣国府最终因不懂谦和韬晦，骄纵太过，结果被人参本，举府查抄，家道一落千丈。历史上有过多少这样的覆辙啊！谦虚者多益，骄矜者易损，这确实是古往今来的经验之谈。

一个人即使在事业上做出了成绩，在仕途上春风得意，也不能忽视谦虚待人，特别要注意尊重别人。

每个人都有独立的人格，都要求维护人格的尊严，不受侮辱，不被歧视。因此，在和别人交往时，要尊重他人的人格，做到平等待人，礼貌待人，不能以势利的态度，谄上而慢下，媚富而傲贫。

另外，还要有自知之明，须知山外有山，天外有天。个人的知识、能力总是有限的，要善于发现别人的长处，学习别人的长处。有地位的不要以地位骄人，有才学的不要以才学骄人，有财富的不要以财富骄人。如果有这样的意识，自然能以谦和平等的态度待人，不致给人以骄狂傲慢的俗态。

清人申涵光说："自谦则人愈服，自夸则人必疑。"一个人有地位、有才学而能谦虚待人，就越能使别人信服。因为谦虚是美德，有巨大的吸引力和感召力。

懂得谦虚就是懂得人生无止境，事业无止境，知识无止境。海不辞水，故能成其大；山不辞石，故能成其高。有谦乃有容，有容方成其广。人生像一局胜负无常的棋局，我们无法奢望自己永远立于不败之地。况且"鹤立鸡群，可谓超然无侣矣，然进而观于大海之鹏，则渺然自小；又进而求之九霄之风，则巍乎莫及"。只有建立在谦虚谨慎、永不自满的基础之上的人生才能有所作为，有所成就。

自谦者智

成绩和功劳能抬高人的身价，但若抓着成绩和功劳不放，就会给自己带来不利。相反，若能把这些沾着光彩的东西放下，则是低调做人的聪明之举。

我国宋朝时有一位将军叫赵振宏，他领兵出征时很少有败绩，如偶遇大军撤退时总是断后。回到京城后，人们都称赞他的勇敢，将军却说："并非吾勇，马不进也。"将军把自己断后的无畏行为说成是由于马走得太慢，意思是不愿彰显自己。其实，在人们心目中，"马走得太慢"的谦虚之辞绝对无法抵消这位将军的英雄形象。

何晶是新加坡总理李显龙的夫人，因李显龙的影响，何晶也开始被媒体注意了。何晶是位精明能干却始终保持低调，尤其不愿被媒体曝光的商业女强人，因此对于她的身世和成就，在新加坡鲜有人知。随着夫君正式宣誓就职，何晶不得不开始在媒体面前"曝光"。

不过，如果稍加留意就不难发现，在美国《财富》杂志首次选出的亚洲25位最具影响力的企业家排行榜上，何晶排第18位，与索尼集团总裁出井伸之、日本丰田汽车社长张富士夫及香港富商李嘉诚齐名。只是当时并没有多少人将她与李显龙联系在一起。

身为新加坡官方最重要的投资控股公司——淡马锡控股公司执行董事长的何晶，目前掌管着遍布全球各地的数百亿美元资产。淡马锡控股公司成立于1974年，下辖大型企业包括新加坡航空公司、新加坡电信、新加坡发展银行乃至世界有名的新加坡动物园等。

她在一次接受媒体的采访时曾说："我和他（李显龙）时常意见相左，但我们在这些问题上常作有益的辩论。李显龙（当时）虽然是财政部长，但他不能做任何片面决策，他只是团队的一分子而已。"

当记者问她为什么如此低调时，何晶给记者讲了一个寓言故事：两只大雁与一只青蛙结成了朋友。秋天来了，大雁要飞回南方，三个好朋友舍不得分开。大雁对青蛙说："要是你也能飞上天多好呀，我们可以经常在一起了。"青蛙灵机一动：它让两只大雁衔住一根树枝，然后它自己用嘴衔在树枝中间，三个好朋友就一起飞上了天。地上的青蛙们都羡慕地拍手叫绝。这时有人问："是谁这么聪明想出这一方法？"那只青蛙生怕错过了表现自己的机会，于是大声说："这是我想出来的……"话还没说完，它便从空中掉下来了。

其实，不把自己太当回事，坦诚而平淡地生活，没有人会把你看成一个卑微、怯懦和无能的人。如果你老是把自己当做强人或者是了不起的人，别人反而会怀疑你，嫉妒你，甚至会编派你，打击你，使你最终垮下去。

富而不奢鸿运长

美国银行大王J. P. 摩根来到底特律时都会在旅馆住宿，并要求住一百美元的普通间。服务人员奇怪地说："你的儿子每次来都是住五百美元一天的总统套间，先生！"摩根回答："他的父亲是摩根，而我的父亲只是一个书记员，每月收入只有八百美元，我如果住总统套间，就会让他破产的。"也许受文学和电视、电影等大众传媒的影响，我们一直对百万富翁们的豪华生活深信不疑，相信他们都是一掷千金，购买豪华游艇，拥有多套豪华别墅,穿着全是巴黎著名设计师的作品。

但是,没有一次统计能证明上面的观点。百万富翁在消费上的谨慎小心更像摩根,而不是他的儿子。他们在消费上的节俭习惯在很大程度上增加了他们的财富。

首先,百万富翁慎重对待借贷消费。几乎所有的百万富翁都认为借贷消费是一种罪过。在美国对时尚住宅区的调查表明,百万富翁们喜欢采取一次性付款,当他们觉得没有足够的钱一次性付款时,他们宁愿选择更小一点的房子,而不愿意为大房子欠下一大笔债。

尽量用自己的钱消费是百万富翁的消费原则。在北京对私人购车的统计表明,只有那些刚参加工作,腰里并没有多少钱的打工一族才采取分期购买的方式购车,而真正的富翁要么是不涉及车市,要么是一次性支付。他们认为提前消费虽然被提倡,但在没有足够资金能力的情况下,还不如去坐公共汽车。

即使在有钱消费的情况下,百万富翁们在购买房屋和汽车这些消费品时的小心谨慎,也足以值得大家学习。

百万富翁们在购买房屋时首先考虑的是价格和房产的价值,还是房子的舒适程度及小区环境呢?根据大华房地产对居住在时尚小区的富翁们的调查发现,百万富翁们在购买房屋时往往要遵循严格的购买原则,所以售楼小姐们说,有钱人比没有钱而想以贷款购房的人更难打交道。

百万富翁们大多是白手起家,因而更加珍惜自己的每一分钱。对大多数百万富翁来说,购买房屋不仅仅是解决居住的问题,而且还是一种投资。

如果有 100 个百万富翁买房的话,其中的大部分都会要求打折。他们选择房屋的时候,往往至少要有两个候选项目,然后开始价格谈判。在谈判前,百万富翁们通过各种途径打听这一小区房子的总体价格,他们会突然拦住居住在这个小区的人,打听他们购买房子花了多少钱,并且一点也不觉得难为情。而那些工薪阶层却担心这一点,他们害怕会被未来的邻居看不起。百万富翁认为省钱与赚钱都是一样的,既然赚钱的能力被社会认可,那么省钱的努力也照样值得称赞。在打听了房子的总体价格后,他们会通过各种不同的折扣率来试探开发商的反应。在这一过程中,百万富翁们一直充满耐心,直到售楼小姐疲惫不堪。一位房地产界的业内人士说:

“要判断购买房子的人是否是富翁,就请注意他的第一个问题。如果他问的是房子的价格,那么你就遇到了一个真正的百万富翁;如果第一个问题是关于房子的舒适程度与户型,那么他的第二个问题肯定是关于贷款的。”

百万富翁在消费方面的抠门儿是他们在经济上成功的重要因素,真正的大款往往都摆出一副要接受社会救济的模样。

其次,百万富翁把节俭当做一种习惯,尽量减少花费和节约过日子是他们的生活原则。在百万富翁的消费品中,很少能够看到名牌,除非为了出席一个盛大的聚会,否则他们会把名牌西服永远挂在一边。

百万富翁会购买打折的商品吗?他们会密切关注商场的打折信息吗?五十元一杯的茶、一百元一杯的酒他们会舍得喝吗?实际上大部分百万富翁都采取了最简单、最节约的消费形式,这使他们的生活看起来那样单调,但却使他们控制的财富大量增加。

很多人眼里的百万富翁生活和实际上差距很大。真正的百万富翁并不依靠高档商品生活。华人首富李嘉诚拥有资金达70亿美元,可他戴的手表却是普通的精工牌,坐的车子也是普通的尼桑,而不是通常人想象的奔驰。如果你知道东南亚富翁陈之光的生活,你将更为奇怪。这位家产在十亿美元的商人,有一次因病住进医院,医生几次诊断都不能确诊,因为他患的是营养不良。

要让许多年轻人相信百万富翁们生活得简约而又低调,并不是那么容易,因为电影和电视已经将百万富翁们的生活方式固定化了。在电视上,百万富翁们挥舞着高尔夫球棒,但实际上,真正为了享乐而去打球的人很少。许多富翁喜欢骑马、高尔夫球和网球这样的运动,但他们更关心的是利用运动的场合做生意,只有少数的百万富翁是为了休闲。他们运动的时候通常还有其他的事情要做,一般是集投资、生意和娱乐为一体的,因此,他们的运动通常会有额外的收入。他们是把娱乐和赚钱结合在一起的高手。

百万富翁的生活平淡无奇,同一般人相比,他们只是更加精打细算,这保证了他们的财富不会因为奢华的生活而变得入不敷出。大多数人在听到百万富翁们高超而有效的理财方式时,都感到非常吃惊。

得意时更要注意自己的言行

深谙处世秘诀的人都懂得:一时的成绩不代表永久,也不代表你就比别人高出一等。成绩是自己的,如果一味张扬、炫耀,只会带来负面效应。

中国人受儒家传统文化影响很深,“谦受益,满招损”之类的格言、警句多如牛毛。

只有在荣誉面前保持平和,才会有更大的进步,也不会影响到别人,特别是没有成就的人的感情。

不仅中国如此,国外也一样。

美国科学家富兰克林说过:“缺少谦虚就是缺少见识。”

英国哲学家斯宾塞认为:“成功的第一个条件是真正的虚心,对自己的一切敝帚自珍的成见,只要看出与真理冲突,都愿意放弃。”

法国思想家孟德斯鸠说:“我从不歌颂自己,我有财产、有家世,我花钱慷慨,朋友们说我风趣,可是我绝口不提这些。固然我有某些优点,而我自己最重视的优点,即是我谦虚……”

可见,谦虚是我们人类共同珍视的美德。

爱因斯坦由于创立了相对论而声名鹊起。

据说,有一次,他 9 岁的小儿子问他:“爸爸,你怎么变得那么出名?你到底做了什么呀?”爱因斯坦说:“当一只瞎眼甲虫在一根弯曲的树枝上爬行的时候,它看不见树枝是弯的。我碰巧看出了那甲虫没有看出的事情。”

谦虚不仅是成功的要素,谦虚与内心的平静也是紧密相连的。

内心的平静是做人的一种至高境界。

我们越不在众人面前显示自己,就越容易获得内心的宁静,这样,也就越容易引起别人的认同,得到别人的支持。

炫耀自己是一个十分危险的、可怕的陷阱,而且这个陷阱是我们自己亲手挖掘的。

它会使你把大量精力放在显示成果、自吹自擂或试图让他人信服你的个人价值上。

而夸夸其谈、自吹自擂通常会使你骄傲自满,把荣誉当做自我欣赏的装饰品。

一个人的成就再伟大，也只是相对于个人而言；在我们所生存的这个宇宙之中，没有什么不是渺小的。

如果你在某一方面取得了一定的成绩，你不应该过于看重它，因为它已成为你的历史。

不要留恋你的影子——哪怕它很辉煌，但它毕竟只是虚无缥缈的影子而已。

要知道，当你望着你的影子依依不舍的时候，你正好背对着照亮你的太阳。

或许你所自鸣得意的事，正好是受人奚落的短处，就好像口袋里装着一瓶麝香的人，不会到十字街头去叫嚷，让所有的人都知道自己口袋里的东西，因为他身后飘出的香味已说明了一切。

真正谙熟处世秘诀的人是决不会滥用优点和荣誉的，他不会等待着去享受荣誉，他会继续努力去做那些需要做的事。

正如俄国科学家巴甫洛夫所谆谆告诫的："决不要陷于骄傲：因为一骄傲，你们就会在应该同意的场合固执起来；因为一骄傲，你们就会拒绝别人的忠告和友善的帮助；因为一骄傲，你们就会丧失客观方面的准绳。"

更糟的是，你在得意时越夸耀自己，别人就越回避你，越在背后谈论你的自大，甚至可能因此而怨恨你。

反而，你越少刻意寻求赞同，越少刻意炫耀自己，你却会获得越多的赞同和欣赏。

要知道，在日常生活中，人们更留心那些成熟、稳重，不随时随地表现自己的荣誉与成绩的人。

大部分人都喜欢那些不自夸的、谦逊的人，因为他们总把自己藏在内心，而不是表现为自我主义。

有一位朋友对谦逊的重要性曾经有过深刻的体验。

在被提职后的几天里，他与朋友聚了一次。

朋友们都不知道他提升了的消息，他很想把这个好消息告诉大家。

而且他与另一个朋友都是被提升的候选人。

同为候选人，他和这个朋友之间当然有些竞争，现在的结果是他得到了提升，所以他极想向大家宣称自己被提升而那位朋友没有。

可话到嘴边，他隐隐觉得有个声音在说："不，千万别说！"于是他只淡淡地笑了一下，仅告诉大家自己被提职，而没有提及另一个朋友未被提升之事。因为他明白，这事不用说大家也知道，说出来反而影响自己的形象，伤害朋友间的感情。自己在心里庆祝一下又何妨呢？

总之，如果自己得到了，哪怕是经过艰苦奋斗而得来的荣誉和成绩，你最好只在自己内心里庆贺，尽量不外露为好。

用平常心做平常事

你可能不愿做平常人，但你必须拥有一颗平常心。由于自身的缺陷，我们的生存一直被限制于以经验为主的水平上。在生活中，我们追逐着那些技巧性的生存本领，并把这些本领视为“个性化的生存”。

在日复一日单调重复的岁月里，我们又习惯依附于某一个群体，并将这个群体的价值视为自己终生奋斗的价值。当我们无法忍受生存的单调与贫乏时，我们便像一只没头的苍蝇到处乱飞。

一些人过着纸醉金迷、寻花问柳的享乐主义生活，一些人却把自己的灵魂寄托在虚无缥缈的神佛身上。为了保护自己不受伤害，我们在许多时候甚至像自然界的动物一样把世界狭窄化——坐井观天。

于是，有人把这些生存中的现象归罪于“平常”。

他们断言，凡人由于无法从生存中撕下他所能咀嚼和消化的生活，只好终其一生将时间与精力消磨在烦恼之中，用琐碎的问题、琐碎的思想、琐碎的欲望来折磨自己。

事实果真如此吗？

在常态的生活下面，人们的确很难从中升华出较高的精神境界，特别是当常态的生活致使人们的内心世界步入贫乏之后，许多人的精神便开始停滞在日常生活的基本水平上，生活中就只留下与生俱来周而复始的食、色、性。

但这绝不是平常的错，恰恰相反，平常的伟大正在于此。平常将人们置身于一种失落之中，如一个人跌入一片一望无垠的沼泽地，这时，如果你越是挣扎着往上爬，你就越往下陷，终至遭受没顶之灾。

相反，要是你泰然处之，你便能从中赢得生存的价值和意义。人不能指望平常的岁月能为自己的生存赋予意义，这跟人不能依附别人而生存一样。“平常”对于生存来说，只是一种载体，只有那些真正理解和掌握了平常并超越了平常的人，才能把握自己独特的命运，才能将自身的生存需要与生存之外更广泛的精神联系起来，使自己的生存变得不平常。

因此，要使自己走出平凡，首先是要对自己、对人类生存有一个正确的评价，其次是必须学会从平常的生活中咀嚼出一些不平常的味道来。

不登泰山的人感觉不到自己的卑微；不面对大海的人不知道自己的渺小。人的价值就在这种卑微和渺小之中。没有粒粒的尘土何来泰山的巍峨？没有涓涓的细流何来大海的浩瀚？如果每一个人都跟山一样，海一般，世界恐怕得换一种称呼。

再说，纵使人就跟山一般雄伟、海一样壮阔，宇宙里必然还有令你感到“小”的相对物。一个童话就说明了这个问题：“大人国里的人是小的，小人国里的人是大的”。

米兰?昆德拉曾说：“如果站在牛的立场给人下定义，人算什么呢？人切莫以自我为中心看待一切。”

一般说来，生活中人们对平常有两种理解：一种视平常为平庸，终日无所事事，庸庸碌碌过一天算一天；另一种把平常看作人的正常出发点，借平常的力量消除无时无刻不纠缠在身边的邪欲和贪婪，用平常的精神抵制外界压力的袭扰。曾有哲学家说过，“生命是一根易折的芦苇”，而这个平常正是使芦苇连成片，成为可以抵御任何狂风暴雨的“森林”的保证。

平常还是我们无法拒绝的生存方式，也正是这个无法拒绝才给了我们化平常为不平常的机会。文人郑板桥在回复家里人因邻居侵占房宅地基而写给他的告状信时曾有“让他半尺又何妨”的句子。这“又何妨”三个字写出了多少平常心的宽容，显出了多少处事不计得失的大度。

所以我们说，“失去常态”是生命抗拒平常、抵御平常后精神失去平衡的表现形式，生命往往因此而付出血的代价。可具有讽刺意义的是，每一个生命在走向平常的过程中又都必然地被无数个“失去常态”所折磨并摔打。人从“失去常态”的挫折中得到的领悟越多，其走进自己、接受平常的能力也越强。

曾有一个悲观的人说：迈入“平常”的蜗居，总有一种微不足道的感觉。正是这个感觉本身揭示了人们对平常不容忽视的误解。

这个误解的形成是人性自卑的弱点在作怪，也是人们过于关注自己

“活”得如何的恶果。事实上,只要人们把目光投向更为广泛的意义空间,努力做到身在平常而心在平常之外,一切因平常而显得陈旧、呆板的日子也就会因此而重新活泼生动起来。

平常心、平常事、平常人——简单说,它们指的无非是此时此刻活着的心情、做事的态度、为人的原则。

分析起来说,就是一个人在生活中遇事多一点克制、忍耐,少一点冲动、盲目;对自己多一点约束、苛求,对他人多一点宽容、忍让;于心多一点坚强、自信,少一点狂妄、脆弱。心静自然平,做平常之事,为平常之业,方能成平常之人。

勇于承认自己是平常的人,自身也就获得了不平常的自我。生活中平常离我们有多远,不平常也就离我们有多远。能够做平常事而不抱怨,能够有平常心而不自卑,能够为平常人而不痛苦,你也就有了不平常的生存力量。

当现实的喧嚣远去,当世俗的纷扰消失之后,你的灵魂也必将进入别人所体会不到的丰富与安逸之中。

有史以来,再伟大的天才都必须活在平常的世界中,否则他连活的地方都没有。

低调做人,平和处世

居功自傲,盛气凌人,难免会引起别人的忌恨,成为众人的靶子,总有一天会被射死。而谦虚谨慎,低姿态做人,则可免除此难。

“指挥皆上将,谈笑半儒生”的徐达,儿时曾与朱元璋一起放过牛。在其戎马一生中,有勇有谋,用兵如神,为明朝的创建立下赫赫战功,是中国历史上著名的谋将帅才,深得朱元璋器重。

但是,就是这样一位战功赫赫的人,却从不居功自傲。徐达每次挂帅出征,回来后立即将帅印交还,回到家里过着极为俭朴的生活。按理说,这样一位儿时与朱元璋一起放过牛的至交,且战功赫赫,完全可以“享清福”。

朱元璋为了奖励徐达,就想将自己的旧邸赐给他。朱元璋的这些旧邸,是其登基前当吴王时居住的府邸。可徐达死活不肯接受。万般无奈的朱元璋请徐达到旧邸饮酒，将其灌醉，然后蒙上被子，亲自将其抬到床上睡下。

徐达半夜酒醒，当知道自己睡的是什么地方后，连忙跳下床，俯在地上自呼死罪。朱元璋见其如此谦恭，心里十分高兴，命人在此旧邸前修建一所宅第，门前立一牌坊，并亲书“大功”二字。

徐达功高不骄，还体现在他虚心好学、严于律己上。放牛出身的徐达，少年时无读书机会，但他十分好学，虚心求教，每次出征都携带大量书籍，一有时间就仔细研读，掌握了渊博的军事知识。因此每每临阵指挥，莫不料敌如神，进退自如，且每战必胜，令人心服。

身为统帅的徐达，还能处处与士兵同甘共苦。遇到军粮不济，士兵未饱，他也不饮不食；扎营未稳，他也不进帐休息；士卒伤残有病，他亲自慰问，送药治疗；如遇上士卒牺牲，他更是重视并筹棺木葬之。将士对他无不感激和尊敬。

原本可以声色犬马的徐达，却终生无声色酒赌之好，“妇女无所爱，财宝无所取，中正无所疵，昭明乎日月”。

朱元璋赐予他一块沙洲，由于正处于船只水路必经之地，家臣以此擅谋其利，徐达知道后，马上将此地上缴官府。

徐达深谙为人处世之道，不论作了多大贡献，既不邀功，也不请赏，视自己如平常一样。因为他懂得，不管自己官有多大，本领有多大，都要夹着尾巴做人，所以他才会得以善终；若他同韩信一般，居功自傲，不知收敛，朱元璋定会将其杀死。

1358 年，徐达病逝于南京，朱元璋为之辍朝，悲恸不已，追封为中山王，并将其肖像陈列于功臣庙第一位，称之为“开国功臣第一”。

做人不可骄傲自满。有了成绩便不可一世，眼中容不得任何人，往往就会成为人们攻击的对象，所以还是低调做人好。

千万别做骄傲的公鸡

生活中有些人自命清高，瞧不起人，在社交中常常流露出一种优越感，高傲自大，盛气凌人，对于他们认为不如自己的人，更是表现出不屑一顾的神色。这种态度不单刺激人，而且也易得罪人。

有一个原本也是小职员的人，因承包一个小企业发了点财，事业干大了，自己当上了总经理，下面有人围着转，他说话的口气于是也大了，也讲究派头了。有一次他到朋友家去做客，到了人家家里也放不下他的架子，往沙发上一靠，就把脚放在前面的茶几上。朋友递给他香烟，他看了一眼，说："这破烟哪能抽？抽我的洋烟！"人家一听就火了，说："你少在我这儿摆臭架子，你要是瞧不起我，就请你离开这儿！不是我请你来的。"就这样，多年的朋友有了矛盾。

这样的事，在熟人之间存在，在生人之间也会发生。

晚唐诗人罗隐有一次和朝官韦贻范同乘一条船，船家告诉他说，这条船上有一位官员。罗隐一听就不服气了，说道："凭他什么官，我只要用脚夹起笔，就比他们几个都强！"这话当即被韦贻范听见，随后又在朝臣们中间广为散布。从此，罗隐的名声就不胫而走。毋庸置疑，他参加进士考试当然也就更加没有希望。

人有能力是好事，但切不可过分狂傲。像罗隐，固然会作诗文，但也无需狂傲到这般地步。这样的事即使不是韦贻范，换了别人也不会对他有好印象的。为什么？皆因为他太高傲、太目中无人了。

明初有个富户名叫沈万三，因为自己有两个臭钱，便不知道天有多高地有多厚了。朱元璋刚当皇帝，他为了讨好朱元璋，便主动提出包修一段金陵的城墙，朱元璋给他一段从洪武门到水西门的城墙，占金陵城总工程量的三分之一。沈万三不但提前完成了，而且又继续提出由他出钱犒劳将士。

朱元璋一听火了，心想这小子牛皮太大了，敢到我皇上跟前充富户，于是说："朕有雄师百万，你能犒劳得起吗？"

沈万三没听出朱元璋的话外之音，面对如此诘难，他居然毫无难色，自信地表示："即使如此，我依然可以犒赏每位将士一两银子。"

朱元璋听了大吃一惊。在与张士诚、陈友谅、方国珍等武装割据集团争夺天下时，朱元璋就曾经由于江南豪富支持敌对势力而吃尽苦头。如今沈万三竟敢僭越，想代天子犒赏三军，仗着富有将手伸向军队，更使朱元璋火冒三丈。但他没将怒意马上表露出来，只是沉默了一会儿，冷冷地说："军队朕自会犒赏，这事儿你就不必操心了。"

朱元璋决意治治这沈万三的骄横之气。

一天，沈万三又来大献殷勤，朱元璋给了他一文钱，说："这一文钱是朕的本钱，你给我去放债。只以一个月作为期限，初二日起至三十日止。每天取一对合。"所谓"对合"是指利息与本钱相等，也就是说，朱元璋要求每天的利息为百分之百，而且是利上滚利。

沈万三虽然满身珠光宝气，但腹内空空，财力有余，智慧不足。他心里一想，这有何难？第二天本利 2 文，第三天 4 文，第四天才 8 文嘛。区区小数，何足挂齿！于是沈万三非常高兴地接受了任务。可是，他回到家里再仔细一算，不由得傻眼了：虽然到第十天本利总共也不过 512 文，可到第二十天就变成了 524288 文，而到第三十天也就是最后一天，总数竟高达 536870912 文。要交出 5 亿多文钱，沈万三只能倾家荡产了。

后来，沈万三果然倾家荡产。朱元璋下令将沈家庞大的财产全数抄没后，又下旨将沈万三全家流放到云南边地。

第二章

做人不要太精明

懂得低调做人的人，在为人处事上常常表现得不卑不亢，平易随和。在日常生活上依然像普通人那样平淡如常，在待人接物上依然像平民老百姓那样安分内敛。以这样的心态和面貌跻身社会，才是与人长处之道。

淡泊心性，品味生活

淡泊以明志，宁静以致远。只有志趣高洁，才不会为蝇头小利所动，才不会在争名夺利中迷失自己。

所谓淡泊，这里指的是在五颜六色、光怪陆离的社会中，坚持自己的节操，维护自己清爽如水的高洁人品，甘于寂寞和宁静；不为锦衣玉食、高官厚禄所动，而是心存高远的志向，并为之努力奋斗。这一原则之可行，便在于它始终坚持了自己的生存方式，有一个自己确信是有价值并且值得奋斗的大志向。正因为一心奔着这样一个较高的目标，把一切都服务于这样一个方向，因此，生活中的蝇头小利，在他看来，都自然是不屑一顾的。即使是非常诱惑人的，而且也完全可以得到的东西，他也不会为之而动摇。当然，淡泊还另有一层含义，它是指一个人对人生有了一种深刻的洞察和把握，真正认识到，名利之类的东西不过是一些生不带来、死不带走的身外之物。这样，他便可以在各种人世间的你争我夺中处于泰然的地位，也无疑可以克制住自己内心的某些欲望。与此相反，不能淡泊的人，便常常在汹涌的商品大潮中失去自我，在诱人的名利面前成为奴隶。这种利欲熏心的人，必然会为一点点的蝇头小利而争得头破血流，为微不足道的权力和官职打得你死我活。

在现代社会中，这样一种淡泊便体现在：尽管周围的人都发了财、升了官，有了汽车、房子和票子，但自己却仍然能够坚持自己所向往的志趣，以这种志趣引导自己的生活；能够用这种坚定的信心抵御外部环境的诱惑，用自己的志向克制自己内心情欲的冲动。

应该承认，在现代生活中，尤其是在大量的信息扑面而来的现代社会中，要想在绚丽多彩的商品包装面前抑制住自己的冲动，在金钱和名誉面前泰然处之，需要相当的毅力。对此，非常重要的一条便是不要把自己的目光集中在某些人的一时一事上，而要从一个较长的时间中去看待人世间的起伏及沧桑变化。同样，也要用这种观点去评价自己的行为和追求。要知道，时间的力量是非常之大的，它可以摧毁一切经不起磨炼的虚伪，可以证明事情的真假，也可以区分价值的高低。而我们自己这样做时，便可以看到，几经变化之后，堂堂皇皇的座上宾可能转眼之间变成了可怜兮兮的阶下囚；耀武扬威的大款大腕，或许在几番周折之后变成了摇尾乞讨的小阿飞。还有那富丽的高楼，主人换了一茬又一茬，好似走马灯，你方唱罢我登场；灯红酒绿的吧厅中，高高的酒柜边，一拨拨的过客恍如烟云一般。没有什么是永恒的，没有什么是绝对的。钱财名利，更是如同足球一样，今日滚向东边，明日也许又不知被谁踢上一脚而滚向西边。当我们这样去评判世事时，便不会为某人的发迹而眼红，也不会因此时此刻某人的亨通而自惭了。只要这样，“忍”便成为一种自然而然的事情，而一旦“忍”下来，你又会发现，在你自己身上，已经具备了战胜一切的力量。

君子要有宽容的雅量

“君子贤而能容霸，智而能容愚，博而能容浅，粹而能容杂。”君子之所以成为君子，正是因为具有容纳小人的雅量。从物质的角度来看，越是污秽的土地，土质越是肥沃，越有利于万物滋长，而过于清澈的水流，却很难存活鱼类。所以说，君子处世不可自命清高，要能够忍让宽容他人，能够接纳世俗乃至不洁之物。做人的低调即是不以自身的高洁而拒世俗之风卷起的漠漠尘埃。

清代郑板桥说，在通往佛殿的路上，既有鲜花也有毒草，可见佛能包容。他还说，兰草有了荆棘的护卫，生长得越发旺盛。这兰草是君子，荆棘是小人，可见，君子之所以成为君子，正是因为能够接纳小人。

对于宽容，英国谚语说得形象：“世界上没有不生杂草的花园。”阿拉伯人说得风趣：“月亮的脸上也是有雀斑的。”说到底，人非圣贤，孰能无过？金无足赤，人无完人。

世间并无绝对的好坏，而且往往是正邪善恶交错，所以我们立身处世时也要有雅量。眼里揉不得沙子，锱铢必较，为血气之争而搞得跟卖面粉的遇见卖石灰的一样谁也见不得谁，不仅尴尬，还招致仇怨，实在是不值得。

宽容并不代表无能，却恰恰是一个人卓识、心胸和人格力量的体现，所以清代的申居郧说：“胸中要有泾渭，然亦须气量含宏，不可太生拣择。”弘一大师说得更直接：“精明者，不使人无所容。”

密苏里州的罗夫·波顿先生讲述了他对“宽容”的理解。

波顿先生九岁失去母亲，十二岁时失去了父亲。当他开始上学时，其他的孩子都来找他的麻烦，他伤心得想去打他们，可是收容他的农夫对他说：“永远记住，能忍住不打架的，要比留下来打架的人伟大得多。”他牢记农夫的话，一直没有和人打过架。

有一次，罗福亭太太给他买了一顶帽子，他感觉非常得意。有一天，一个大女孩把他的帽子扯下来，并在里面装满了水。她说她之所以那样做是想让那些水能够弄湿他的大脑袋。他在学校从没有哭过，但那次回家之后他号啕大哭。那一天，罗福亭太太给了他一些忠告，让他消除了所有的烦恼和忧虑，而且把他的“敌人”都变成了朋友。她说：“罗夫，要是你肯对他们表示兴趣，而且能够为他们做些什么的话，他们就不会再来逗你，或叫你小臭孤儿了。”他接受了她的忠告，并且用功读书。不久后他就成为班上的第一名，但却没有人嫉妒他，因为他总是在尽力帮助别人。

宽容别人并为别人做好事不是一种责任，而是一种快乐，因为这能增加你自己的健康和快乐。现代心理学上最重要的发现就是：必须要有自我牺牲与自我约束，才能达到自我了解与快乐。这说明一个通俗而又浅显的道理：不要向别人示强，而是示理、示义，来自外界的反应就会是尊敬、友善与和谐。

穿好低调这件外衣

一个人究竟强不强，不是看你多么出名，多么有权有势，而是看你有没有真正让自己强起来的坚实基础和本事。真正有本事的人讲究运筹帷幄，厚积薄发，修于内而成于外，这才是真正让人佩服的成功。

真正能取得大作为的人，从来不与人争名夺利，而是默默无闻地干实事，将名利置之度外，一步一个脚印地去做；只有那些利欲心极重，又迫不及待想成功的人才会去沽名钓誉，极尽张扬之能事，虚妄于花拳绣腿，玩弄花招，得一时之逞，到最后却经不起大风大浪的折腾，船倒帆折，一败涂地。

先人早就告诫我们：“满招损，谦受益。”一个人大出风头，就会遭到打击；一个人过分追求完美，反而会遭到挑剔和批评。大多数的人能够同情弱者，却敌视比自己强的人；能够认同踏踏实实地做事的人，却讨厌那些张扬跋扈的人。所以后者的人际关系更为紧张，也自然容易招致他人的反感情绪。

生活中这样的情况非常多。

因此，为人处世一定要谦虚谨慎，脚踏实地，千万不要狂妄自大，过度张扬。

真正的强者总是高深莫测，不显山不露水，默默耕耘，苦心孤诣，直至成功。甚至成功以后，这样的人也不喜欢张名扬利，而是继续探索，继续追求，寻求新的突破，这才是低调而真实的强者。其实做一个低调的强者并不难，甚至比做一个张扬的强者更为简单。

低调的人总是喜欢藏锋守拙，待机而发，在别人面前表现出来的更多是大智若愚、大巧似拙的一面。他心态平和踏实，锋芒内敛，虚心请教来完善自我，具有认真谨慎的工作态度。这样的人往往具有十分缜密的个人思维习惯，处乱不惊，目光长远，再加上艰苦的磨炼和顽强的意志，为事业成功奠定了一个坚实的基础。

低调是一种修养，是成就人事的一种方式。一个低调的人，心性高洁，意志坚定，又具有超脱欲望、淡泊名利的胸襟。这样的人想的不是怎么把钱赚到手，而是怎样把事情做好，功到自然成，一切都是水到渠成的事情。

盲目地张扬自己的本事，亮出全部的看家本事，正如技穷的黔驴，让真正具有本事的老虎一口吃掉。这些人往往私心杂念太重，名利思想过浓，如果事业不成，很可能会身败名裂。

糊涂一时，成全一世

愚笨的人在人际交往中，会处处努力表现自己的“聪明”；聪明的人在人际交往中，把“糊涂一点”作为特定情况下的交际武器，反而解决了一些棘手的难题。一次，一位妇人对林肯说：“总统先生，你必须给我一张授衔令，委任我儿子为上校。我提出这一要求，并不是在求你开恩，而是我有权利这样做，因为我祖父在列克星敦打过仗，我叔叔是布拉斯堡战役中唯一没有逃跑的士兵，我父亲在新奥尔良打过仗，我丈夫战死在蒙特雷。”林肯听后说：“夫人，我想你们一家为报效国家已经做得够多了，现在是把这样的机会给予别人的时候了。”这位妇人希望林肯看在其家人功绩的面上，为其儿子授衔。林肯不是不明白，他故作糊涂，曲解本意，婉言拒绝。这样，既使自己坚持了原则，又不伤害妇人的自尊。

在应该“糊涂一点”时而没有“糊涂一点”，小事上太过计较，不能大事化小，小事化了，有时还会酿成大祸。

“糊涂一点”是个明智的处世策略。有位名叫伊吹卓的日本作家，一向认为自己很聪明，可是奋斗了半辈子，还是乏善可陈。他一气之下，发明傻瓜哲学，告诉人们：遇事要“糊涂一点”。郑板桥在解释自己的四字名言时说：“退一步天地宽，让一招前途广……糊涂而已。”

“糊涂一点”实是大智若愚。它并不是真糊涂，而是大聪明。聪明会让人成功，傻乎乎会让人觉得可爱，“糊涂一点”就是将聪明和傻乎乎的优点合为一体。人活世上，不过百年。生命苦短，如果在小事上算计来算计去，就会浪费无比珍贵并且无法挽回的时间。为那些很快就会被人忘记的小事烦恼，实在无意义。

在处理人际关系时应“糊涂一点”，不要为一些琐屑问题垂头丧气。但是，这里说的糊涂绝不是叫人浑浑噩噩，糊里糊涂，而是大事不糊涂，小事糊涂些。人毕竟是人，应当具有基本的良知和社会责任感，不能只是朦胧着眼睛来看待世界。对于大是大非的问题必须观察清楚，在必要时要站出来说话，义无反顾地大干一场，甚至奉献自己的宝贵生命。所以我们只能“糊涂一点”，不能完全糊涂。

所谓“糊涂一点”，就是对人要擅见其长，不拘泥小节；对事能总揽全局，不舍本逐末；在处理大是大非的问题上能够坚持原则，分清是非，顾全大局，恪守道义，避恶从善；在无关紧要的小事上则不作过多计较，不寸利必争，不小题大做，而顺其自然。每一个人都要把握好“糊涂”的分寸，否则便是真正的糊涂。事情有大小之分，处理的方法也应该因事制宜，不可事无巨细，使用同一个药方。如果能将“糊涂一点”这个明智处世策略学到家，就可以称得上是个有智慧的人。

“大度”是领袖人物的内功

古人将“猝然临之而不惊，无故加之而不怒”看做大家之风范，是很有一些道理的。“遇横逆之来而不怒，遭变故之起而不惊，当非常之谤而不辩”,没有非常人所及的度量是做不到的。有深厚的容人之量,再加上卓越的才能,这个人就是一个顶级的领袖人物。“大度”是内功,只有外家功夫的人永远也无法成为顶尖高手。

领导是每个人都想做的,但不是想做领导就可以做领导的。历览古今,成大事者无不以大度为怀,置区区小私于不顾。他们想得更远些,看得更深些,胸怀更大些。比如,为国者就不计私怨,图远者就不发近怒,盖包容四海,吞吐宇内之势所必然焉!相反,鼠肚鸡肠、竞小争微、片言只语也耿耿于怀的人,没有一个成就了大事业,没有一个是有出息的人。

历史上的名相往往在不露声色之间规划着社稷,他们不是不知道张三李四在背后议论他们,可是,跟这些人计较起来有什么意思呢?再说也计较不清计较不完哪!还记得“将相和”的故事吗?廉颇认为自己比蔺相如功劳大,却位居其下,非常不服,于是时常无故找茬儿羞辱蔺相如,蔺相如却处处让着他。世人都以为他是害怕,蔺相如却说,我不是怕他,只是如果我们两人闹起来,外敌就要乘虚而入了,我这是为了国家社稷考虑呀。廉颇听后,方知蔺相如的确比自己强,不是强在功劳,而是强在心胸。

领袖人物是否有宽宏的度量,往往是决定事业胜败兴衰的关键。

首先,无度量的领导身边多“弄臣”,这些人会在不知不觉中给信任他们的领导穿上小鞋,到那时,路都走不了,还谈什么建功立业?能够倾听逆耳之言的领导则会吸纳谏臣,他们说话或许不中听,但往往表里如一、襟怀坦荡、才华出众,而这正是领导者创建事业所需要的。

其次,在绝大多数人的心目中,领导有度量就有水平,这就是所谓的“晕轮效应”。因此,领导者只要在下属的心目中留下不坏的印象,做其他事的时候往往也让人觉得好,即使不好也可以理解。

可见,宽宏大量是一种非常重要的领袖品质,作为领导者,越能在人前表现出宽容的姿态,收获也就越大。

人们常形容有度量的人为“宰相肚里能撑船”,这是指领导者的胸怀博大,既容得下对自己的褒也容得下对自己的贬,胸中装有凌云壮志的气势,此外还有淡泊人生的恬静,这是领袖人物必须修炼的内力功底。

不必事事都较真

人生在世，不应对什么事都斤斤计较。糊涂处世，收敛智慧，让人认为你无能而忽略你的存在，关键之时，不动声色先发制人，使人不知云里雾里。

沉默是金，大智若愚是智者的自保方式。无论才能有多高，都要善于隐匿，即表面上看似没有，实则充满。

现实人生中确实有许多事不能太认真，太较劲。特别是涉及错综复杂的人际关系时，更不能太认真，否则，不是扯着胳膊，就是动了筋骨，越搞越复杂，越搅越乱乎。顺其自然，装一次糊涂，不丧失原则和人格；或为了公众，为了长远，哪怕暂时忍一忍，受点委屈，也值得。“糊涂法”是既可免去不必要的人事纠纷，又能保持人格纯净的妙方。

中国古代的道家和儒家都主张“大智若愚”，而且要“守愚”。愚并非真愚，大智若愚的人给人的印象是：虚怀若谷，宽怀敦厚，不露锋芒，甚至有点木讷，其实在“若愚”背后，隐含的是真正的智慧和大聪明。大智若愚，这是兵家的计谋，也是处世的方略。

古人以为：“好察非明，能察能不察之谓明。”什么叫“能不察”呢？就是在一群人中，唯有自己洞察了这件事的本质，而又偏偏有人不愿你把事实的真相说出来，于是只好装作不知，以免自己的智慧太过而遭不测。

春秋时，齐国有位智者叫隰斯弥。当时当权的大夫是田成子，颇有窃国之志。一次，田成子邀他谈话，两人一起登临高台观赏景色。只见东西北三面平野广阔，风光尽收眼底，唯南面却有一片隰斯弥家的树林葱葱郁郁，挡住了他们的视线。隰斯弥在谈话结束后回到家里，立即叫家仆带上斧锯去砍树林。可是刚砍了几棵，他又叫仆人停手，赶快回家。家人望着他感到莫名其妙，问他为什么反复无常，隰斯弥说：“国之野唯我家一片树林突兀而列，从田成子的为人看，他是不会高兴的，所以我回家来急急忙忙地想要砍掉。可是后来转念一想，当时田成子并没有说过任何表示不满的话，相反倒十分笼络我。田成子是一个非常有心计的人，他正野心勃勃要谋取齐国，很怕有比他高明的人看穿他的心思。在这种情况下，我如果把树砍了，就表明了我有知微察著的能力，那就会使他对我产生戒心。不砍树，表明我不知道他的心思，就算有小罪也可避害；而砍了树，表明我能知人所不言，这个祸闯得可就太大啦！”

这是一种典型的自保之术，所谓“察见渊鱼者不祥”是也。作为有一定地位的领导者，如果对下属采取考察术，也必须审察有度。

唐太宗有一次为了审察手下的文官中是否有贪官污吏，悄悄地叫心腹拿了国库绢去试贿。有一个管宫门的官吏不知，收了一匹，立即被太宗抓起说要处死。于是裴矩就对太宗说：“这种考察方法不义，是陷人于法。明明是你叫人去送给他的，反过来又说人家受贿，这不是用计害人吗？这样下去，将来还有谁敢上朝做官呢？”太宗听了，自感无言以对，于是召集文武百官，宣布自己的过错，以安抚人心。

所以古人说：“洞察以为明者，常因明而生暗。”这说的就是精于察人而产生的副作用，即“好卫在心太明，则物不契，贤愚心态明，则人不亲，士君子须是内精明而外浑厚，使好丑而得其平，贤愚共受其益，才是生成的德。”所谓“大智若愚”就可作如是观吧。

人的一生不应对什么事都斤斤计较，该糊涂时糊涂，该聪明时聪明。大智若愚，从一个角度来说，也可理解为小事愚大事明，对于人来说是一种很高的修养。这并非自我欺骗或自我麻醉，而是有意糊涂。该糊涂的时候，就不要顾及自己的面子、自己的学识、自己的地位、自己的权势，一定要糊涂；而该聪明、清醒的时候，则一定要聪明。由聪明而转糊涂，由糊涂而转聪明，则必左右逢源，不为烦恼所扰，不为人事所累。

承认下属的能力

尽管一个称职的领导者肯定是许多方面都很优秀的人，但是，称职而且低调的管理者永远不会认为自己是一个“什么都比别人强的人”，因为他知道，一个能力即使很强的领导者也不一定能管理好一家企业。有些领导做事很高调，总是把自己的重要性无限地扩张，喜欢大小权力一把抓，大小事情统统自己动手，员工只能当他的助手。

有的管理者总是喜欢把困难工作留给自己去做，而这样做并不是因为管理者本身更负责任，而是他们总是认为别人胜任不了这种工作，觉得亲自去做更有把握。但是，一个领导者如果任何事都亲自过问，那么下属也将乐意把问题上交,统统由领导者去处理。这样会形成一个恶性循环,领导者会十分辛苦,下属则总是推脱责任。在这样的情况下,一个公司又如何能够管理得好呢?如果一个企业的领导者总这样逞能,下属就没有任何学习成长的机会,管理者也就永远不会有轻松的时候。

有一个公司老板, 当他在自己的办公室时, 所有的事情都要亲自处理,他除了要与客户电话联络外,还要处理公司大大小小的事情,每天都忙得不可开交。实际上,他做得太多了,而他的员工只做简单的工作,甚至不必动脑筋思考,也不必承担任何责任与风险。即使这样,他的员工并不感谢他,也不领他的情,因为员工们知道,领导的做法不是负责也不是关心,而是瞧不起员工。像他这种做法,好的人才不可能留下奉陪到底。

一个人只有一双手,一天即使不睡觉也只有二十几个小时可供使用,因此,不可能什么事都自己做,唯有授权属下。企业的发展壮大不能只靠一个或几个管理者,必须依靠广大员工的积极努力,借助他们的才能和智慧,群策群力才能把企业推向前进。再能干的领导也要借助他人的智慧和能力,这是一个企业发展所必需的。员工可能不如领导者,他们可能会做错事情,但是这个时候,领导者千万不要一味指责。此时员工所需要的,就是领导的体谅与细心的指导,告诉他该如何去做,如何去解决问题。问题得到解决,不仅员工能进步,最后公司也能受益。

低调的管理者会聘用比自己能干的员工。敢于和善于聘用比自己更聪明能干的人,是一个领导者的本领。许多人往往选择在聪明才智和竞争力方面远不及自己的人,似乎这样才能使自己鹤立鸡群,而不至于被别人抢走"风头"。这种建立在恐惧基础上的事业,是注定不会成功的;反之,抛开恐惧,让开道路,成功也就会向你招手。

低调的管理者信任员工,无论他做得多么差劲,都始终相信他能行,然后鼓励他,让他充满自信地投入到工作中。人不是生下来就会做事的,做任何事情的能力和技巧都是学来的,因此,任何人犯错误都在所难免。管理者一定要让员工有学习的机会,细心教导员工,让员工从错误中学习经验,吸取教训。领导者不可能什么事都自己做,必须培养有潜力的员工,耐心地教导他们,当然也应该提醒他们,不应该犯同样的错误。

从员工的角度来说,你让他有自主权,他会觉得这是你对他的尊重和肯定,他才会形成一种责任感和成就感。再者,只有放手让下属去做事,你才可能从中发现有才能的人。为了激励员工的成长，身为领导，你应该对他们提建议，同时接纳他们的意见。

正确地认识自己

“认识你自己”是古希腊著名哲学家苏格拉底的一句名言。人不仅能意识到周围世界客观事物的存在，而且也能意识到自己的心理和行为，把自己的意图和体验、思想和感觉报告给自己，根据自身的需要和社会的需要自觉地调节自己的行为，控制和完善自己。人的这种意识和自我意识功能表明，人是能够认识自己的。同时，正确地认识自己，对于身心的健康是十分有益的。因为只有认识自己，才能够给自己一个正确的定位，给自己设置正确可行的目标，让自己能够正确对待挫折和困难。

然而，认识自己并非易事，人的自我意识有一个发展和完善的过程。许多人在走向独立生活、自我意识大大增强的时候，却常常表现出某些偏见。我们经常听人说：“我对自己最清楚！”其实，这些人对自己并未真正地了解，他们对自己的各种才能、学识等，没有一个正确的估计，要么估计得过高，要么估计得过低。

对自己没有正确的认识，无论是估计过高还是估计过低，都有害于自身的发展。对自己估计过高的人，一般来说往往自尊心过强。自尊心本来是一种可贵的心理品质，它能激发人的进取精神，自觉维护应有的荣誉和人格。但是，自尊心太强，则会演变成一种有害身心健康的坏毛病。这种人的表现就是用自己的优点去比别人的缺点，最终的结果就是，他永远觉得别人比自己差，自己天下第一。而一旦出现别人超过自己的情况时，他就会很生气，容易产生嫉妒。只要是别人幸福，他就认为是自己的不幸，而一旦自己不幸，他就会认为是别人妨碍了他。在他看来，他永远应该是最幸福、最优秀的，任何人都不能比他强。这种人多半是“狗眼看人低”，而自己又不能觉悟，结果是他瞧不起任何人，而与他接触的人又更瞧不起他。

美国前总统富兰克林年轻时十分自负。有一天，一个朋友劝告他说：“富兰克林，像你这样是不行的。当别人与你意见不同时，你总是表现得自以为是，这样会使人觉得难堪，以致别人不会听你的意见。如果你总是好像无所不知、无所不晓，别人对你就无话可讲了。你以这种态度来和别人交往，不虚心听取别人的见解，对你自己根本没有任何好处。你从别人那儿根本学不到一点东西，但是实际上你现在所知道的却很有限。”

这番话使富兰克林受到了极大的震动，他对自己过去的一些不当举止进行了深刻的检讨和反思。这改变了他的一生，从此之后，他决心抛弃自己的骄傲，重新认识自己。他不仅为当代人做了许多具有建设性的工作，而且对后代也有很大的影响。

低调的人之所以低调，其实来自于他对自己的正确认识。他的低调决定了他能接受建议并反省自己。在低调者看来，骄傲和固执是很荒谬的事情，因为无论自己过去做了什么事情，都不重要，而自己将要做的事比已经做了的事总是重要得多；过去的价值仅仅在于它能帮助自己将来做什么。因此，低调者永远不会傲慢、自负，因为他没有傲慢和自负的理由。他总是很谨慎地看待自己的成就和能力，事先预计到问题的严重性。他明白，自己取得的成功，其中有多少成分是属于自己的，有多少成分来自于别人的帮助，来自于运气。他知道，自己的成功离不开这一切外在的条件，自己仅仅是其中的一个因素而已。因此，他不会把自己无限地夸大。

同时，低调者也不会对自己估计过低。对自己估计过低的人，容易产生自卑心理。我们总是赞扬谦虚和谨慎，赞扬虚怀若谷，但是我们必须明白，谦虚和自卑完全是两个概念，前者是一种美德，后者则是一种心理疾病。

低调者能够客观地评价自己，正确地进行自我分析，对自己的能力有清醒的认识。一方面，低调者清楚地认识自己的能力，所以他不会盲目地去做自己做不到的事情；另一方面，低调者成功地摆脱了对自身能力的怀疑，他对自己能力范围之内的事情，不管遇到什么困难，都坚信自己一定能成功。因此，最终他也一定能成功。

在面对人生重大抉择的时候，低调者首先强调的就是正确地认识自己。许多人考虑得更多的是“我想干什么”，而很少认真仔细地分析自己、认识自己，客观地去考虑目前“我能干什么”等，所以往往会使自己陷入误区。而由于缺乏正确的自我认知，他总是对自己有过高的估计，因为估计过高，更可能导致失败，而这种失败又会加剧其对自身认识的错误，这样周而复始，恶性循环，最终的结果就是在误区中越陷越深。

低调的人对自己的能力有明确的认识，他可以在抉择中找到自己最合适的点。他制定的目标永远是最适合自己的，不仅仅适合自己的能力，而且适合当时的条件，所以他很容易取得成功，这样会更进一步加深他对自己的认识，一切就走入了一种良性的循环！

不可事事争先

你可能腰缠万贯，你可能位重权高，你可能声名显赫，你可能……但细究起来，你也不过是一个普通人而已。所以，倒不如放下身段，还自己一个普通人的本来面目。先知穆罕默德说过："一滴水的最好去处是什么地方？那就是大海。"再有本事的人也不过是一滴水，大众才是那片大海。

有一个很有实力的电脑业老板与一个朋友闲谈，这个朋友说："据我观察，你的实力和影响堪称我们地区电脑业的老大。"这个老板说："确实，无论从经济实力、社会影响还是经营之道来讲，如果要选老大，我当之无愧。但真的选起来，我却不想当老大。"

他说，当"老大"不容易，因为无论是研发、营销还是人员、设备，都要比别人强。由于怕被别的公司超过，便需要不断地扩充、投资；换句话说，要花很多力气来维持"老大"的地位。他说，这样太辛苦了，而且一旦没弄好，不但老大当不成，甚至当老二都不可能。这当然只是这位电脑老板个人的想法，不过这位老板所说的却也是事实，当"老大"的，必然要费很多力气来维持"老大"的地位。

不仅从事企业经营如此，上班拿薪水也是如此。像主管就是该部门的"老大"，这老大为了保住位子，不但要好好带领属下，也要和上级搞好关系，以免遭人排挤。有功时，主管当然功劳第一，但有过时，主管也是首当其冲。而当副主管的就没这么多麻烦了，表面上看来他不及主管风光神气，但因为有主管遮风避雨，也可省下很多辛苦，所以很多人宁可当副手也不愿当主管。可见当"老大"的难处。

虽然说做"老大"有很多难处，但绝无劝阻人当"老大"的意思，如果谁有当"老大"的本事，也有当"老大"的兴趣和机会，当仁不让未为不可，也自有其风光所在。但如果你自认能力有限，个性懒散，那么就算有机会，也不要去当"老大"，因为当得好则好，没当好就会一下子变成老三老四，不但对自己是个打击，在现实社会里，更会造成诸如"某某人不行"、"某某人下台了，听说很惨……”等这样的议论。这些对你都是不利的。中国人一向扶旺不扶衰，你一从“老大”位子上摔下来，落井下石的有，打落水狗的也有，于是本来还可当老二的，却连要当老三老四都有问题了。经营企业也是如此，“龙头老大”的位子一旦不保，就会给人“某某公司倒了”的印象，于是兵败如山倒。想力挽狂澜？恐怕没有那么容易。

因此，做事或经营企业，从老二、老三或老五做起都没关系，最好不要急着当“老大”。上述这位电脑业老板可谓是对社会有独到的认识和体验，因此处世也较理智。但也有一些人“得志便猖狂”，平日里表现得态度傲慢，飞扬跋扈，爱以物炫示、以钱压人，俗话说“猪胖了迟早有人杀”，卖弄到最后，其结果是把自己卖了！

美国一名大富豪曾有一句关于财富的经典名言，他说：“有钱的一大好处，是今后你不必再想到钱这种东西，也不必再口口声声讲钱了。”这句话很值得那些喜欢张扬的人深思。

在真正已“发达”的人眼中，所谓的“发”也许仅是相对于以前的情况来说的。只有最不懂做人艺术的人，才会暴露出自己斤两有限的底牌来。

还是安静点为好，还是低调些为好。

勿好为人师

好为人师也许是人的一种天性，连小孩子都有自我兜售的欲望。好为人师是自显高明的表现，在无形中抬高了自己，贬低了别人，这在社交中很容易引起他人的反感。相反，在人群中，你以别人为师，不但可以满足对方的优越感及虚荣心，而且也能学到知识、增长见识，可收到一箭双雕的奇效。

在社会生活中，好为人师显然不是件好事。这里的好为人师指的不是“喜欢当老师”，而是指喜欢指点、纠正别人。

有一种人喜欢在工作上指出别人的错误，大肆表明自己的意见，也喜欢在言语上指正别人的缺点，例如交友方式、衣服发型、教育子女的方法……

这种人有的是出于纯粹的无意识，对旁人的错误无法袖手旁观；有的则是自以为是，认为别人的观念有问题，只有他自己的观念才是对的，喜好出风头。

不管基于什么心态，也不管你的意见是对是错、是好是坏，一旦你主动提出来，你就犯了社会生活中的忌讳——侵犯了人性里的“自我”！

你要知道，每个人都在努力建立一个坚固的自我，以掌握对自己心灵的自主权，并经由外在的行为来检验自我坚固的程度。你若不了解此点而去揭露他的错误，他会明显地感受到他的自我受到你的侵犯，有可能不但不接受你的好意，反而还采取不友善的态度。尤其在工作方面，你的热心根本就是在否定他的智慧与能力，甚至他还会认为你是在和他抢功劳，总之，他是不大领情的。

因此，“好为人师”是人际关系的障碍。如果你非要“为人师”不可，则必须建立在几个基础上才行：

1. 你基于“义”而提出，而对方又愿意领情，情愿接受你的意见。但不接受的可能性也相当高，这是人性，没有什么道理好说。

2. 你在对方心目中够分量。所谓“人微言轻”，如果他一向敬重你，那么他有可能接受你的意见，但表面听从、私下不理的可能性也很高。如果分量不足，就别自讨没趣。

3. 你是他的长辈或上司。基于伦理及利害关系，他有可能接受你的意见，但也不尽然。

总而言之，人都有排他性，也有虽然知道不对但也要做下去的比较朦胧的“人本”意识，这是他个人的选择。因此，与其好为人师地“招惹麻烦”，不如“拜人为师”求自己成长，引发别人反感的事最好少做或者不做。

低姿态不是软弱

所谓的“低姿态”，讲的是我们在社会交往中所表现出的平和、谦逊、圆通及忍让等言行和情态。有些时候，这种低姿态对于保护自我及既得利益不受损失是必不可少的。

在秦始皇陵兵马俑博物馆，一尊被称为“镇馆之宝”的跪射俑前总是有许多观赏者驻足，他们为跪射俑的姿态和寓意而感叹。导游介绍说，跪射俑被称为兵马俑中的精华，是中国古代雕塑艺术的杰作。

仔细观察这尊跪射俑：它身穿交领右衽齐膝长衣，外披黑色铠甲，胫着护腿，足穿方口齐头翘尖履。头绾圆形发髻。左腿蹲曲，右膝跪地，右足竖起，足尖抵地。上身微左侧，双目炯炯，凝视左前方。两手在身体右侧一上一下做持弓弩状。据介绍：跪射的姿态，古称之为坐姿。坐姿和立姿是弓弩射击的两种基本动作。坐姿射击时重心稳，省力，便于瞄准，同时目标小，是防守或设伏时比较理想的一种射击姿势。秦兵马俑坑至今已经出土和清理各种陶俑一千多尊，除跪射俑外，皆有不同程度的损坏，需要人工修复。而这尊跪射俑是保存最完整和唯一一尊未经人工修复的兵马俑，仔细观察，就连衣纹、发丝都还清晰可见。

跪射俑何以能保存得如此完整？导游说，这得益于它的低姿态。首先，跪射俑身高只有 1.2 米，而普通立姿兵马俑的身高都在 1.8 至 1.97 米之间。俗话说，天塌下来有高个子顶着。兵马俑坑都是地下坑道式土木结构建筑，当棚顶塌陷、土木俱下时，高大的立姿俑首当其冲，而低姿势的跪射俑受损程度就小一些。其次，跪射俑做蹲跪姿，右膝、右足、左足三个支点呈等腰三角形支撑着上体，重心在下，增强了稳定性，与两足站立的立姿俑相比，更不容易倾倒而破碎。因此，在经历了两千多年的岁月风霜后，它依然能完整地呈现在我们面前。

由跪射俑想到处世之道。初涉世事的年轻人往往个性张扬，率性而为，不会委曲求全，结果可能是处处碰壁。而涉世渐深后，就知道了轻重，分清了主次，学会了内敛，少出风头，不争闲气，专心做事，就像跪射俑一样，保持生命的低姿态，避开无谓的纷争，避开意外的伤害，更好地保全自己，发展自己，成就自己。

老子说，当坚硬的牙齿脱落时，柔软的舌头还在。柔弱胜过坚硬，无为胜过有为。我们学会在适当的时候保持适当的低姿态，绝不是懦弱和畏缩，而是一种聪明的处世之道，是人生的大智慧、大境界。

低调是至谦

低调的人在与人交往的过程中自然会表现出谦逊和宽容来，这源于低调之人对别人的尊重，对成功处世的理性思考。周恩来总理是一个很低调的人，特别是在对待客人方面，他的谦和平易是出了名的。

在重庆谈判期间，由于国民党特务对中共代表团驻地监视很严，很多党外朋友无法去到周恩来住处。郭沫若居住的天宫府，不仅交通方便，而且不为国民党特务所注意，郭沫若向周恩来提出可以用他的寓所会见友人。

有一天，周恩来在郭沫若寓所会见党外朋友，并亲自拟定了客人名单，让助手发请柬。由于疏忽，助手忘了给一位朋友发请柬。时间到了，只有这位朋友没来，这才发现工作的疏忽。于是，周恩来批评那位助手说："一人向隅，举座为之不欢。这看似小事，实为大事。"对自己讲是无意的疏忽，客人可能认为是有意的怠慢，要设身处地地为他人着想。在同国民党进行复杂微妙斗争的形势下，尤其不能有丝毫的大意。"说罢，周恩来马上派车把那位客人接来，还迎上去连连道歉。

让"小人物"感到自己受重视，没有被冷落，光靠热情礼貌还不够，有时还必须运用一些技巧，把双方的面子扳平，使"小人物"脸上有光。这就需要靠低调语言来达到目的了。

面子像一块跷跷板，一头高，另一头自然就低。适度地往自己脸上抹点儿"黑"，讲一桩自己的"丑事"，通过自我"抹黑"把身份降低，大家感觉上就平起平坐了。

威尔逊当选为美国新泽西州州长之后，有一次在纽约出席一个午餐会，主持人在介绍他时，称他为"未来的美国总统"。这自然是对他的刻意恭维，可是对其他在座的人来说，却产生了相形见绌之感，众人的脸上都有些挂不住了。

威尔逊因此想扭转这种一人得意众人愕然的局面。他起立致词，在几句开场白之后，他说："我自己感到我在某方面很像一个故事里的人物。有一个人在加拿大喝酒喝过了头，结果在乘火车时，本该乘坐北上的火车，却乘坐了南下的火车。

"列车员发现这一情况，急忙给南下火车上的列车长打电报，请他把名叫约翰逊的人叫下来，送上北上的火车，因为他喝醉了。

"很快，他们接到列车长的回电："请详示约翰逊的姓，车上有好几名醉汉，既不知自己的名字，也不知该到哪里去。""

威尔逊最后说："自然，我知道自己的名字，可是我却不能像主持人那样，知道我的目的地是哪里。"

听众大笑。威尔逊幽默的谦逊，自我贬损的笑话，消除了众人敌对不服的恶意，为自己赢得了声誉与政治家不可缺少的威信。

自嘲是一种处世艺术

一个人能嘲笑自己，常常会带给别人无限的欢乐。

每个人都有弱点、缺点，但若能常带着洞察力自谦、自嘲，从而衬托出他人的优越感，使人哈哈一笑，则是大智若愚的幽默高手。

海利?福斯蒂说："不论你想笑别人怎样，先笑你自己吧。"自嘲，是幽默最常见的方式，也是培养幽默感的第一步：一个人能嘲笑自己，常常会带给别人无限的欢乐。

自我解嘲可以活跃气氛，另外还可以解脱自卑。当你想说笑话、讲小故事，或者一句妙语、一则趣谈时，最安全的目标莫过于你自己。如果你笑的是自己，谁还会不高兴呢？因此，"自己先笑自己，总比被人取笑要好得多"。我们若能将自己的弱点借助巧言妙语表现出来，使谈话"趣中见智"，则必能换取听者的开心笑声。

此外，笑谈自己还可以增进自信心，因为你有勇气笑自己，使得他人也能自在地笑他自己。而且当你与他人一同笑的时候，你不会伤害他，也不会令他不悦——因为你已经证明，你是个能与他共欢笑的人，而不是在一旁取笑批评他的人。

艾德·沙利文说："如果你为别人做了一件好事，那么，同时你也振奋了自己，因为欢乐是一贴精神兴奋的良方，它能超越一切障碍。"

要以轻松的态度面对自己，而以严肃的态度面对人生，否则，我们就有烦恼了。不成熟的个性常在于视自己为世界的中心，而成熟者则与群体有和谐的关系。

人的一生，谁都难免会有失误，谁身上都难免会有缺陷，谁都难免会遇上尴尬的处境。有的人喜欢遮遮掩掩，有的人喜欢辩解。其实越是遮遮掩掩，心理越是失衡；越是辩解，却会越辩越丑，最佳的方法是学会嘲笑自己。

许多著名人物，特别是演员，都以取笑自己来达到双方完满的沟通。他们利用一般人认为并不好看的外貌特征来开自己的玩笑，如某女演员笑自己的"大嘴巴"；还有一位发胖的女演员，拿自己的体态开玩笑说："我不敢穿上白色泳衣去海边游泳。我一去，飞过上空的美国空军一定会大为紧张，以为他们发现了古巴。”

大家都知道林肯长相很丑，可他不但不忌讳，相反，他常常诙谐地拿自己的长相开玩笑。在竞选总统时，他的对手攻击他两面三刀，搞阴谋诡计。林肯听了指着自己的脸说：“让公众来评判吧，如果我还有另一张脸的话，我会用现在这张脸吗？”还有一次，一个反对林肯的议员走到林肯跟前挖苦地问：“听说总统您是一位成功的自我设计者？”“不错，先生。”林肯点点头说，“不过我不明白，一个成功的自我设计者，怎么会把自己设计成这副模样？”

人没有理由不喜欢这样的人。如果有人拿我们开玩笑时，我们就同他哈哈大笑，不要埋怨。如果你真的没有可调侃的缺点，就去虚构一个，缺点通常不难找到。

如果你愿意取笑自己，就会把欢笑带给更多的人，你因此也会获得更多的欢笑，你也会快乐无穷。

千万不要提当年勇

鲁迅先生笔下的“阿Q”也算是一个悲剧人物，他说他的祖上曾做过知县，这让人听了非但不产生敬意，反而觉得“阿Q”更“可怜”。拿着已经过时的凭证来证明自己所急迫要证明的东西，却一再被人嗤之以鼻，不可怜吗？

我们每个人可能也都有过一段值得夸耀的历史，但此一时，彼一时，还是少提或不提的好。

有位廖先生今年四十多岁了，刚离开他待了十五年的公司。

十五年前，他跟随自己的老板创业经营一家电器行。

廖先生忠诚能干，颇有“士为知己者死”的豪气，每天卖命地做，老板也未亏待他，二人情同手足，业务也因此一天天地发展壮大。

后来公司扩大，进口外国家电，廖先生花了半年时间建立了全省的经销网，可以说备尝艰辛。老板对他的表现相当满意，待遇、红利也一年比一年给得多。

十年后，公司已经初具规模，人员增多，部门扩大，而廖先生的“脾气”

也增加了,逢人便讲自己过去如何地为老板闯天下,如何如何地开辟市场才使得公司有今天。

如此这样有半年的时间。

一天,正当廖先生还在那大谈特谈光荣历史的时候,老板拿了一张支票放在他的桌上,要他离开这家公司……

廖先生万分不情愿,可是也不得不离开。

“狡兔死,走狗烹”,当老板不得不“肯定”你的功绩时,你要提高警惕,以免功高震主。

这个故事就是“杀功臣”的故事。并不是每个“老板”都会“杀功臣”,但“功臣”被“杀”,也总是有原因的。因此,如果你的经历与廖先生相同或相近,就应对此有所警惕。

就“老板”这边来说,有的纯粹是基于私利,不愿“功臣”来分享他的利益,抢他的光芒,所以“杀功臣”;有的老板为了保持“天下是我打的”的绝对成就感,所以“杀功臣”;更有的认为“利用”完了,再也不需要这批当年共打天下的“战友”,所以“杀功臣”。

就“功臣”这边来说,有的“功臣”自以为帮老板打下天下,如今“天下太平”,自己正可以握重权,领高薪,甚至“威胁”老板顺从自己的意志;有些“功臣”因为的确“功绩不凡”,颇受属下爱戴,因而结党营私,向老板“勒索”利益;有的“功臣”则不断对外炫耀自己的功绩,忘了老板的存在……

总之,功臣让老板产生威胁感、剥夺感,老板自尊被损,又不愿功臣成为负担,从义理、私心考量,于是不得不假借各种名目把“功臣”“杀”了。

说老实话,有时候“功臣”还不得不“杀”,因为有些功臣在立下“战功”后,会认为自己的功劳天大地大,其嚣张跋扈反而成为大局的危险因素,“杀”了他,反而可使大局清明稳定,所以“杀功臣”这件事并不见得都应受到责备。

不过,再怎么说,“杀功臣”之事总是令人伤感,而一个人若有能力,也不必避免当“功臣”,倒是“天下”打下来之时,自己的态度要有所调整。

第一是急流勇退,另谋出路。功臣不是必然被杀,但被杀的可能性永远存在,因此与其待得越久,危险性越高,不如在老板还“珍惜”你时,以最风光的方式离开,为自己寻找另一片天空。

也许你走不掉,但至少这个“退的动作”也是表态,老板会欣赏你这个动作的。

第二是隐功埋名，不提当年勇。

也就是说，如今只有老板的名字，你的名字“消失”了，一切“荣耀”归于“老板”，你从此“没有声音”；也不可提当年勇，你一提，不就在和老板争风头吗？他是不会高兴你这么做的。

第三是淡泊明志，终生为“臣”。

利用各种时机表现自己的“胸无大志”，无自立为“王”的野心，永远是老板的人。

你若野心勃勃，老板怕控制不了你，又怕商机被夺，迟早会对你下“毒手”。

第四是与时俱进，自显价值。

很多“功臣”认为“理所应得”很多利益而不做事，然后成为退化的一群，因而被“杀”。因此要想求得保全，必须随时显露自己的价值，让老板觉得离不了你，否则一旦成为“废物”，就会被当成“垃圾”丢掉，谁会在乎你曾是“功臣”呢？

廖先生的事很令人同情，但恐怕他也有需要检讨的地方。我们也应从中得到警示。

如果你是一位“功臣”，不妨分析思考一下自己目前的处境。不仅要能“进”，还要能“退”，关键一点是不要提当年勇，这是做人圆满之绝招。

清高孤傲惹人厌

所谓的清高、孤傲与傲慢其实是一种自私心理，通常这三者是结合在一起的。清高是孤傲与傲慢两种情绪的结合体，孤傲是目中无人的盲目行为，傲慢是不自量力的狂妄表现。它们相互作用的结果往往使你刚愎自用，而其中危害人最深的则是傲慢。

傲慢是粗俗。它哗众取宠、盛气凌人，往往摆出趾高气扬、不可一世的俗态。

傲慢是无知。它庸俗浅薄，狭隘偏见，表现出夜郎自大的心态，是虚荣和一知半解结合的怪物。

傲慢是愚蠢。它故作高深，附庸风雅，其实是井底之蛙的仰望，是矫揉造作的不高明的表演。

傲慢是自负。它会使人觉得难于接近,他人只得敬而远之,或避而躲之。

傲慢是流沙。它常常导致事业的失败。

中国的传统文化素来鄙视傲慢,崇尚平等待人。一般来说,知识越多、学问越广的人就会越谦虚,文化越低、气量越小的人就会越傲慢。孔子说过这样的话:不要强不知以为知,要知之为知之,不知为不知。莫忘三人行必有我师。谦逊的态度会使人感到亲切,傲慢的架子会使人感到难堪。

相传南宋时江西有一名士傲慢之极,一般凡人皆不理会。一次他提出要与大诗人杨万里会一会。杨万里谦和地表示欢迎,并提出希望带一点江西的名产配盐幽菽来。名士见到杨万里后开口就说:请先生原谅,我读书人实在不知配盐幽菽是什么乡间之物,无法带来。杨万里则不慌不忙地从书架上拿下一本《韵略》,翻开一页递给名士,只见书上写着"豉,配盐幽菽也"。

原来杨万里让他带的就是家庭日常食用的豆豉啊! 此时名士面红耳赤,方恨自己读书太少,更后悔自己为人太傲慢。

要做到不傲慢需要注意如下两点:一是认识自己,二是平等待人。一个人要正确认识自己是很不容易的。傲慢的人要么自以为有知识而清高,要么自以为有本事而自大,要么自以为有钱财而不可一世,要么自以为有权势而趾高气扬。殊不知,山外有山,楼外有楼,还有能人在前头。人贵有自知之明。古今中外成大事业者,都是虚怀若谷、好学不倦、从不傲慢的人。宋代文学家欧阳修,其晚年的文学造诣可说是达到了炉火纯青的地步,但他从不恃才傲物,仍一遍遍修改自己的文章。他的夫人怕他累坏了身体,劝他说:"何必这样自讨苦吃? 又不是小学生,难道还怕先生生气吗?"欧阳修回答说:"不是怕先生生气,而是怕后生笑话!"虚心自知,才是医治傲慢的一剂良方。

与人交往一定要做到平等待人。平等待人不仅是文明礼貌的行为,也是人品修养的体现。平等待人是针对傲慢无理而言的。它要求人们在社会交往中,不管彼此之间的社会地位和生活条件有多大的差别,都一视同仁,切忌"势利眼"。古人说,"不谄上而慢下,不厌故而敬新",就是告诉我们待人时不应用卑贱的态度去巴结逢迎有权势、有钱财的人,怠慢经济条件较差、社会地位不高的人。人本无高低贵贱之分，每个人都有自己的人格，人格作为人的一种意识和心理深深地附着在每个人的身上，并时时加以维护。人格的基本要求是不受歧视，不被侮辱，即要求平等。

如果你不想遭到别人的反感、疏远，那么你就切勿傲慢和过分强调自我。如果人人都注意加强品德修养，人人都谨防傲慢，那将会使我们的人际关系更加和谐，使我们生活得更加幸福和愉快。

永远保持低调的本色

许多人在穷乏的时候，不得不过简朴的生活，而一旦发达，就会挥金如土，纸醉金迷。李嘉诚则与此完全相反，一直保持着当年创业时期艰苦朴素的生活作风。

李嘉诚说："就我个人来讲，衣食住行都非常简朴、简单，跟三四十年前一样，没有什么区别。"

李嘉诚住的房子，仍是1962年结婚前购置的深水湾独立洋房。它的外观并不气派，内部也不算豪华，看不到海景。从20世纪80年代中期，住在山顶区的部分英国人陆续撤离，腾出的花园洋房大都为华人富豪买去。都说香港顶尖级富豪该住进顶尖级的豪宅区，李嘉诚对此却表现冷淡。

李嘉诚的衣着是有目共睹的，他常穿黑色西服，不算名牌，也比较旧。

李嘉诚说："衣服和鞋子是什么牌子，我都不怎么讲究。一套西装穿十年八年是很平常的事。我的皮鞋十双有五双是旧的。皮鞋坏了，扔掉太可惜，补好了照样可以穿。我手上戴的手表，也是普通的，已经用了好多年。"

手表成为李嘉诚节俭的象征，凡是涉及李嘉诚个人生活的文章，没有不谈手表的。据介绍，李嘉诚早年戴的是极一般的日本精工表，后来电子表流行，他改为戴西铁城电子表。

李嘉诚绝不认为手上的表有损其高贵身份，他反而引以为豪，常常把手表展示给外国记者看。

一位外国记者曾评论说："李嘉诚看上去不像一位难对付的老板，而像一位和蔼可亲的中学校长。他经常身穿黑色西服、白色衬衣，佩戴素色领带。有一次，他指着手上戴的西铁城电子表对来访的客人说：'你戴的表要贵重得多，我这个是便宜货，不到50美元。它是我工作上用的表，并非因为我买不起一只更值钱的表。’”

在公司,李嘉诚与职员一样吃工作餐。他去巡察工地,工人吃的大众泡沫盒饭,他照样吃得津津有味。公司来了客人,他并不带他们去高级酒楼,而是在公司食堂吃。比平时多几样冷盘炒菜,分量不多,但能吃饱,又不至于浪费。正如他自己常说的一样:“我这个人对生活没什么高要求。”

他有一辆劳斯莱斯,市值数百万港元。他曾对《经济日报》的记者讲,他自己绝不会坐,只有陪客时才劳驾它代步。他的意思是,坐太名贵豪华的车,恐会使自己贪念奢侈,忘记勤俭。

在香港商界,潮籍人以节俭、勤奋、精明而著称,也有人说潮州人孤寒(吝啬、小气)。1995 年 12 月 1 日,国际潮团联谊会在港开幕,仪式完毕后,李嘉诚立即被记者包围住,有记者提到潮州人孤寒与否的问题。

李嘉诚说:“潮州人只是刻苦,而非孤寒。”他强调:“我绝对不孤寒,尤其对公司、社会贡献方面和‘作为中国人应做的事’上,绝不会吝惜金钱。”

是的,我们已经看到,李嘉诚不但不孤寒,而且是世上少有的大慈善家,一个悭己不悭人的大慈善家。他曾经做过多次善行义举,而自己过的却是一种极为俭朴的生活。这一点令人感慨万千,钦佩之至!

恬淡以脱俗,深厚以至圣

大鱼大肉或山珍海味,固然都是极端美味可口的佳肴,但是时间一久就觉得太腻而难以下咽。只有那些味道平凡的粗茶淡饭,才是最益于身体健康的美味佳肴,在一生之中吃上几十年也不觉得腻烦。同理,人也是如此,有的人往往仗恃自己才学出众而洋洋得意,其实这种人并不是能博得人们景仰的理想人物。一个有完美人格和高尚品德的人,都是在平凡中坚守自己的岗位,在平凡中实践自己的人生理想,在平凡中修养自己的品德。这种人总有一天能达到理想境界,这种人才有资格垂范千古做大众的楷模。所谓“万丈高楼平地起”,就是说不论如何伟大的人物都要从平凡中做起,从平凡中走过,因为只有在平凡之中才能保留人的纯真本性,才能体现人情世态中的人性光辉。

钱钟书是中国著名作家,其深厚的文学功底来自于高雅的品性,来自于洁身自好的修养，来自于恬淡脱俗的学者风骨。“文品如人品”，嗜书如命、充满童心童趣的钱老先生，让我们从他的人生修养中得到很多感悟与启迪。

学贯中西的钱老闻名遐迩，是海内外都极力推崇赞誉的“大家”，但他身上让人感受更深的却是他处世的平淡和低调。

20 世纪 80 年代，美国普林斯顿大学曾竭诚邀请他前往讲学，开价 16 万美元，交通、住宿、餐饮费另行提供，可偕夫人同往。这是多少人梦寐以求的事，但钱钟书却拒绝了，他没有让自己扬名的欲望。

英国一家老牌出版社，得知钱钟书有一部写满了批语的英文大辞典后，他们专门派出两个人远渡重洋，希望以重金购买这部英文大辞典，可钱钟书坚决不卖。与钱钟书签署了《围城》版权协议的美国好莱坞片商，多次盛邀钱钟书夫妇随时去观光，或监督影片制作，他们都婉言拒绝了。

到过钱钟书家的人，都不禁惊讶于他家陈设的简单和清寒。沙发是用了多年的米黄色涤卡面旧物；多年前的一个书架，竟然是四块木板加几块红砖搭起来的。没有人能弄清楚钱钟书到底看过多少书，但他家里却几乎没有书。有一次，钱钟书想查一下《康熙字典》，还打电话到图书馆请人帮忙。钱钟书有个习惯，隔三个月就请司机将家中渐次堆积起来的书籍送出去处理。

钱钟书谢绝一切采访，也从不在任何会议上露面，对于很多名利之事，他都淡然处之。他的夫人杨绛说：“我们无名无位活到老，活得很自在。”

不恋浮名，不贪厚禄，钱氏夫妇可谓当代贤人与低调者的楷模。在浮躁的年代里，如此行事者没有一份深厚的修养是难以达到的，如此做人更彰显其可贵之处。

不要总说“你错了”

有一次，卡耐基去访问史蒂文生。史蒂文生不但是科学家，也是一位探险家，他曾在北极圈一带住了 11 年。其中有 6 年的生活，除了水和面包外，吃不到其他任何东西。

他告诉卡耐基，他正在进行一项实验。卡耐基问他是作哪方面的求证，他所回答的话使卡耐基永远无法忘却。他说："科学家永远不敢求证些什么，我只试着去寻求事实。"

如果你承认自己随时都可能犯错，就能免去麻烦，也不需跟他人辩论了。而别人受到你的影响，也会承认他自己有难免的错误。

当罗斯福在白宫的时候，他曾这样承认——如果他哪天有75%的时候是对的，那是达到他最高程度的标准了。

你可以用神态、声调或是手势告诉一个人他错了，但他并不会为此而感激你。因为你对他的智力、判断、自信、自尊都直接地给予了打击，他不但不会改变他的意志，而且还想向你反击。如果你运用柏拉图、康德的逻辑来跟他理论，他还是不会改变自己的意志，因为你已伤了他的自尊。

你千万别这样说："如果你不承认自己有错，我拿证明来给你看。"你这话等于是说："我比你聪明，我要用事实来纠正你的错误。"

那是一种挑战，会引起对方的反感，不需要再等你开口，他已经把你当做敌人了。

即使你用了最温和的措词，要改变别人的意志也是极不容易的，何况处于那种极不自然的情况下。你为什么不改变你错误的待人态度呢？

如果你要纠正某人的错误，不应该直率地告诉他，而要运用一种非常巧妙的方法，使对方心服口服地接受它。

人们的观念随时都在改变，二十年前我们认为对的事，现在看来却似乎是不对了。甚至当我们研读爱因斯坦的理论时，我们也开始存怀疑的态度。再过二十年，我们或许已不相信自己在这本书上所写下的东西。现在，我们对任何事情都不像从前那样敢于确定。苏格拉底屡次跟他的门徒说："我所知道的只有一件事，那就是我什么也不知道。"

我们不可能比苏格拉底更聪明，所以我们也应避免告诉人们说他错了。同时我们更觉得，那确实对我们有益。

如果有人说了一句你认为错误的话，若是用下面的口气来说，似乎会更好一些："好吧，让我们来探讨一下……可是我有另外一种看法；当然也许是不对的，因为我也经常把事情弄错，如果我错了，我愿意改正过来……让我们看看，究竟是怎么一回事？"

普天下的人，决不会责怪你说这样的话："我的观点或许是不对的，让我们看看，究竟是怎么一回事？"

如果有个人确实犯了错误，而你直率地告诉他、指责他，你知道会发生什么样的后果？

他不会认为你说的任何一句话都是善意的，他会认为你是在贬低、打击他，在抬高、显示自己，他会在心里忌恨你，会不放过任何机会来报复你。因此，假如你准备告诉别人他们有错误时，请你在每天早餐前，把鲁宾逊教授所写的一段文章读一遍。他是这样写的：

"我们有时发现自己在毫无抵抗和阻力中改变自己的意志。可是，如果有人告诉我们所犯的错误，我们却会感到懊恼和怀恨。我们不会去注意一种意念的养成，可是当有人要抹去我们那股意念时，我们对这份意念突然坚决而固执起来。并非因为我们对那份意念有强烈的偏爱，而是因为我们的自尊受到了损伤。"

当我们有错误的时候，或许我们会对自己承认。如果对方能给我们承认的机会，我们会非常感激，不用对方说，极自然地我们就承认了。如果有人硬把不合胃口的事实往我们的喉咙塞下去，我们是无法接受下来的。任何人都一样。

所以就算你知识渊博，做人还是要谦虚些，尊重别人的意见，而不能总是说"你错了"。

第三章

大智若愚 大巧若拙

“大智若愚”是做人智慧中最高最玄妙的境界。“大智若愚”是至高的谋略、至高的境界，它并不是将智慧直接地、赤裸裸地、一览无余地展现在人们面前，而是拥有丰富的层次与内涵，拥有保护自身的力量。

做人不可太世故

战国时期，齐国东部有个地方叫即墨，西部有个地方叫阿城，这两个地方的大夫是两种完全不同的人。即墨大夫是个智慧的人，做事有分寸，奖惩分明；阿城大夫也是个聪明之人，只不过他的聪明用的不是地方，而是贪污受贿，并且收买齐威王派来的人为自己说好话。

当时正是齐威王韬光养晦时期，他在沉湎于酒色的幌子之下，暗中对朝廷官员的政绩进行考察，表面上他是黑白不分，但暗里却对时局非常清楚。不过，为了实现自己的计划，他并没有声张。身边的人都为阿城大夫说好话，威王奖励了他；身边的人也常说即墨大夫的坏话，他就扣了其几个月俸禄，不过背地里又还给了即墨大夫。

即墨大夫和阿城大夫看到威王的表现后，都更加坚定地走自己的路。当然，即墨大夫是看到了威王韬光养晦的一面，而阿城大夫却看到了威王表面昏庸的一面。几年过去了，威王开始整饬吏治，他召见了两位大夫。

齐威王对即墨大夫说："自从你治理即墨以来，我几乎每天都能听到诽谤你的话。可我派人到即墨视察，却发现那里民风淳朴、丰衣足食，各种事务都处理得不错，因此整个东部地区很安宁。这也证明你没有贿赂我左右的人，你是个好官。"于是，赏给了他一万户封邑。

接着，他又对阿城大夫说："我身边的很多人都为你说好话，但我派人去视察的时候，却看到了田地荒芜、民不聊生。赵国进攻你手下的甄城，你却不去救援；卫国夺取了你临近的薛陵，你竟然不知道。你这人只会世故圆滑，贿赂我身边的人。这一次，你得到我的奖赏是——烹刑。"

在这个故事里，做人成熟的即墨大夫，虽看到社会或人生的阴暗面，却不被阴暗面所吓倒，表面上沉静而内心却有一腔热血。他坚信希望在于将来，又执著于今天的努力。而世故的阿城大夫也看到了阴暗面，但他只看到坏的一面，而看不到好的一面，结果让自己走上了万劫不复的道路。

那么，成熟与世故究竟各有哪些特点呢？在这里我们简要介绍几点：

1. 成熟者真诚，而世故者虚伪

成熟者知道社会是复杂的，他们能提前做好准备，遇事自己思索、自己做主，不轻信，不盲从；与人交往，考虑周到而不失其赤诚之心，"和朋友谈心,不必留心”,遇见不熟悉的人却“不会一下子就推心置腹”,因为这样既不尊重自己,也不尊重别人,可以多听少谈,真正了解后才可敞开心扉,交流思想,真诚相待。

世故者由于过多地看到人生和社会的阴暗面,因而错误地认为人世间没有真诚可言。他们与人做“披纱型”的交往,犹如世人披上面纱一样,把自己的内心世界封闭起来。对人外热内冷,处处设防,同友相交,虚与周旋,别人的事探听尤详,自己的事隔墙难闻,说给别人听的,尽是些“不着边际”的话,真心话一句也没有。

2. 成熟者坚持原则,世故者见风使舵

成熟者遇事头脑冷静,坚持原则,有主见,自己该干什么仍干什么,不该干的坚决不干。

世故者观风向,看气候,进什么庙烧什么香,投人所好,八面玲珑,采取“墙头草”的处世方法。当他同多愁善感的人交际,便把自己打扮成多愁善感的模样,说话时,眼睛里有时还会泪光闪闪;同性格多疑的人交际,他又会俨然装得深沉起来,与对方一起分析别人如何有可能损人利己,奉劝对方应采取何种方法来对付;同率直爽快的人谈话时,他又会马上变得疾恶如仇,要为朋友两肋插刀,打抱不平;而同随和的人在一起时,他又显出老谋深算、久经风霜的样子,把那些正直的举动说成“简单”和“幼稚”,仿佛出现的一切麻烦都是因他不在场而造成的。

3. 成熟者直面现实,世故者玩世不恭

成熟者对事敢于发表自己的见解,敢作敢当,有“舍我其谁”的大丈夫气概,往往小事糊涂,大事清楚。世故者游戏人生,奉行的是滑头主义和混世主义,专搞中庸,惯于骑墙。他们遇有原则问题需要辨明时,则莫问是非曲直,要不然就是模棱两可。这种人最终什么也干不成。

做人要直,做事要曲

马嘉鱼很漂亮,银肤燕尾大眼睛,平时生活在深海中。春夏之际溯流产卵,随着海潮浮到浅水面。渔人捕捉马嘉鱼的方法很简单:用一张十寸见方、孔目粗疏的竹帘,下端系上铁坠,放入水中,由两只小艇拖着,拦截鱼群。

马嘉鱼的“个性”很强，不懂迂回，即使触入罗网中也不会停止，所以一只只前赴后继钻入帘孔中，帘孔随之紧缩。孔愈紧，马嘉鱼愈被激怒，瞪起明眸，张开脊鳍，更加拼命地往前冲，终于被牢牢卡死，为渔人所获。

马嘉鱼的悲哀就在于它不懂得迂回之道。有些人总爱抱怨办事的路越走越窄，看不到成功的希望，但他们却习惯在老路上一直走下去，不思改变。这和马嘉鱼何其相似！如果他们采取迂回的策略，换一条道路或换一个环境呢？甚至只是改变某种思维定式，路还会那么狭窄吗？

人之所以比动物强大，就是因为人心是活的。做人就应该如此，懂得迂回，用心才可以成事。

有一位留美的计算机博士，毕业后想在美国找一份理想的工作，由于他要求太高，结果好多家公司都不录用他。思来想去，他决定收起所有的学位证明，以一种“最低身份”去求职。

不久他就被一家公司聘为程序录入员。这对他来说简直是小菜一碟，但他仍干得一丝不苟。不久，老板发现他能看出程序中的错误，非一般的程序录入员可比。这时他才亮出学士证，老板给他换了个与大学毕业生对口的工作。

过了一段时间，老板发现他时常能提出许多独到的、有价值的建议，远比一般的大学生要高明。这时，他又亮出了硕士证，老板随后又提升了他。

再过了一段时间，老板觉得他还是比别人优秀，就约他详谈，此时他才拿出了博士证。由于老板对他的水平已有了全面的认识，就毫不犹豫地重用了他。

以退为进，由低到高，迂回取得自己想要的工作，这个博士生做人可谓用心，做事可谓方法独到，非常值得我们学习。

有时候，我们不怕被别人看低，怕的恰恰是人家把你看高了。看低了，你可以寻找机会全面地展现自己的才华，让别人一次又一次地对你“刮目相看”，你的形象会慢慢地高大起来，而这种由低到高正是迂回成事的一个过程。可被人看高了，刚开始让人觉得你多么的了不起，对你寄予了种种厚望，可你随后的表现让人一次又一次地失望，结果是越来越被人看不起，这种由高到低无疑是做人的失败。

君子成人之美

刘娟小姐是一家杂志社的摄影师，由于她曾在美国生活过一段时间，行事有些洋派，在那作风保守的杂志社里显得有些格格不入。偏偏她个性散漫，又常做错事，编辑部副主任早就看她不顺眼，只因她是老板朋友的女儿，所以只好对她睁一只眼，闭一只眼。不过，主编却很看好她，因为她的摄影搞得很好，而且很有创意。

有一天，为了一些照片，编辑部副主任和刘娟小姐发生了冲突，众人见战火引燃，纷纷过去围观。刘娟小姐还要力争，众人你一言我一语地加入战场，刘娟小姐一舌难敌众口，只好默默地忍受。这时候主编走过来，为刘娟解了围。

事后，主编帮她分析了其为人处世方面的一些缺点，并给她提了几条中肯的建议。刘娟听后觉得非常有道理，便依主编的话刻意改变了自己一贯的做法，效果果然非常好。后来刘娟小姐自己创办了一本刊物，立刻把主编邀请过来，并给了他无须投资的20%股份。

这个故事里，主编就是个绝对的君子。在众人都挑剔刘娟的时候肯定她，在众人落井下石的时候帮助她，这的确是主编做人的成功之处。

成人之美，成就人的美德，总能使人产生一种由衷的感激。而掠人之美，作为自己的美；贪人之功，作为自己的功；窃人之善，作为自己的善，这些就绝非是君子所为。李翱说："古代的君子，对于他人的善，害怕不能知道；既知道了，又耻于不能称赞他；能称赞他，又耻于不能成就他。"可见，成人之美是一件令人自豪的事情。

所谓成就他人之美，也就是说他人有计划、有事业、有作为、有请求时，只要我们力所能及，就应该给予支援、同情、帮助，促使他功成业就。千万不可你为你、我为我，不肯为他人出力量、出财物，袖手旁观，让他去自生自灭、自成自败。

某大型集团公司的下属公司招聘人才的时候，分公司王经理招聘到了一个非常有才华的人。这个人工作能力强，无论是组织工作还是协调工作都做得非常好。工作半年后，分公司经理就将其推荐给总公司。这名有才华的人也确实不孚众望，不久后便得到了总公司的赏识，成了地区经理。这次,他成了以前王经理的领导。再见王经理的时候,他表示了自己的感激,并特别帮助这个分公司,结果这个分公司的业绩也是非常好。

这里的王经理就是个善于成人之美的人,他不妒忌他人的才华,还推荐他、帮助他,使他最后成为自己的领导。可见其是一位真正的君子。

在他人有潜力时,提人一把;在他人遇到困难时,给予他最需要的理解和帮助;在自己力所能及的范围内,帮人一把。或者这对我们本身来讲,并不需要费太大的力气,但是,他人就可能因为你一时的帮助而改变命运。就像上面那个有才华的年轻人一样,他当了地区经理,怎么能不对以前的王经理感恩戴德、眷顾有加呢?

用理智心态讲义气

百兽之王猛虎年老力衰,奔跑捕猎对它来说已经是一件很困难的事。为了不至于饿死,猛虎召开了百兽大会。在会上,他当众宣布自己从此皈依佛教,不再捕杀生灵而改吃青草。野兽们一看猛虎决定从此不再伤害他们了,这么讲义气,都非常高兴。

“不过,你们每天要轮流给我把青草送到洞中。”猛虎接着说。野兽们想都没想,全部表示同意。

没有了猛虎的残忍追杀,这世界似乎宁静了许多,大家也真为此事高兴。有的动物还说:“要是早这样就好了,我们也不必每天提心吊胆的了。”

这一天,轮到狐狸给猛虎送青草。狐狸站在猛虎洞外,左看右看,就是不进去。猛虎嗅到了狐狸的气味,等了很久它却不进来,便用慈祥的声音对狐狸说:“是狐狸兄弟吧?快把青草给我送进来吧,我饿了。”

狐狸“哼”了一声说:“你别骗我了!其他的动物都很讲义气,每天给你送青草来,可你却不是个义气的大王,我刚才在你洞口地面上观察了很久,只有进去的脚印,却没有一个是出来的!”

这个寓言故事里,如果狐狸也像其他动物一样,只讲义气,没有一点理智的话,那么,它无疑也会成为猛虎的食物。可狐狸心眼多,理智地对洞口仔细观察,看出了其中的端倪,才没有被吃掉。

生活中,敢为朋友两肋插刀的义气人士大有人在。义气是很多人做人交友的原则,但我们往往看到,有些人竟为了义气失去了理智,这种做法非常危险。义气也有原则，讲义气也要有所取舍，盲目的义气只能害了自己。

俗话说：在家靠父母，出外靠朋友。朋友间的互相帮助无可厚非，但如果其中掺入“义气”两字，就可能会生发危险。有的人能清醒、理智地对待问题，那么当互帮互助和原则问题发生冲突时，就必须以遵守法律法规为重；而如果一味以“义气”为重，那就可能冒犯法律法规，到头来反而会害了自己。

小赵的一个同学一时糊涂偷了辆摩托车，事后非常害怕，便找来小赵，希望他能把摩托车拿到偏僻的地方卖掉。小赵本来也知道，这种行为叫销赃，是违法的，但禁不住几杯酒下了肚，就让哥们儿义气占了上风，结果第二天去寻找买主时被警察抓到了。小赵后悔当初不该意气用事，不过为时已晚，还是受到了惩罚。这样的例子在生活中举不胜举。

所以，要把“义气”之害减到最低程度，就需要做人的成熟。当冲动的时候，它会及时提醒你：做人要有“义气”，但更要理智。毕竟在很多时候，意气用事并不能根本解决问题。

承认错误，少费口舌

美国心理学家卡耐基常带着一只雷斯狗到公园散步。他在公园里很少碰到人，再加上这条狗性情温和且不伤人，所以，他常常不给雷斯系狗链或戴口罩。

有一天，他在公园遇见了警察。警察严厉地问道：“先生，为什么让你的狗跑来跑去而不给它系上链子或戴上口罩呢？你难道不知道这是犯法的吗？”

“是的，我知道。”卡耐基低声地说，“不过，我认为它不至于在这儿咬人。”

“你不认为，你不认为？法律是不管你怎么认为的。它可能在这里咬死松鼠，或咬伤小孩。这次我不追究，假如下次再被我碰上，你就必须去跟法官解释了。”

可是，他的狗不喜欢戴口罩，他也不喜欢让它那样。一天下午，他带着小狗出来散步，又遇见了这位警察。

卡耐基反应迅速，立刻说："先生，这下你当场逮到我了，我有罪。你上星期警告过我，若是再带小狗出来而不替它戴口罩，你就要罚我。"

"好说，好说，"警察回答的声调很柔和，"我知道在没人的时候，谁都忍不住要带这样的小狗出来溜达。""的确忍不住，"卡耐基说道，"但这是违法的。"

警察说："我们这样吧，你只要让它跑过小山，跑到我看不到的地方，这件事情就算了。"

在这个故事里，卡耐基在第二次被警察看到的时候，如果还像第一次那样说话，肯定会引起不必要的麻烦，而他却采取了主动承认错误的方法，成功避免了一张罚单。

在生活中，几乎每个人都对自己的能力和判断力充满自信，没有人愿意当众承认自己是错的。有的人采取申辩的方法据理力争，有的人用掩饰的手法试图掩盖自己的错误，这些人自以为很聪明，而这样的方式恰恰是做人的失败。

世界上没有完美的人，谁也避免不了要犯错误，这不是什么值得回避的事情，也不是让人羞耻的事情。而有些人做了错事不但不承认，还要尽其所能地回避这一错误，他却没有想过，掩饰错误的本身就是在犯另一个错误。事情总有一天会水落石出，任何错误也都会呈现本来面目。可见，掩饰错误实在比承认错误需要更多的代价。我想，如果是你的话，你应该知道怎么选择。

勇于承认自己的错误，就会减少许多麻烦。因为这样，不但会避免争执，而且还可以使对方跟你一样宽容大度。所以，我们平常应多用"我也许不对"、"我常常会弄错"、"我们来看看问题的所在"这一类句子，确实会收到神奇的效果。

不要自作聪明

一个总觉得自己很聪明的人去酒吧，叫了一杯啤酒慢慢品尝。

喝到一半，他想上洗手间，可是又怕酒被别人喝掉。于是，他向服务生借了笔和纸，并在纸上写道：我在杯里吐了一口痰。然后，这个自作聪明的家伙放心地走了。

他回来后，发现酒还在那里，觉得自己真是聪明之极，但是，他很快发现字条上多了几个字：我也吐了一口！

有些人把自己当成聪明人，总以为别人都不如自己，以为按照自己的计谋来做事必定不会吃亏。可是，就像这个笑话里的"聪明"人一样，结果往往并非如此，吃亏的人恰恰就是自己。

战国时期，魏王的异母弟弟信陵君，名列当时著名的"四公子"之一，知名度极高，因仰慕信陵君之名而前往的门客达3000人之多。

有一天，信陵君正和魏王在宫中下棋，忽然接到报告，说是北方边境升起了狼烟，可能是敌人来袭了。听到这个消息，魏王立刻放下棋子，就要召集群臣共商退敌事宜。而信陵君却一点儿也不惊慌，他阻止魏王道："大王先别着急，也许是邻国君主行围打猎，我们的边境哨兵不知道，误以为敌人来袭，所以升起狼烟，以示警戒。"

过了一会儿，又有人来报，说刚才升起狼烟报告敌人来袭是个误会，事实上是邻国君主在打猎。

于是魏王很惊讶地问信陵君："你怎么知道这件事情？"信陵君非常得意地回答："我在邻国布有眼线，所以早就知道邻国君王今天会去打猎。"

从此，魏王对信陵君逐渐疏远了。后来，信陵君被别人诬陷，失去了魏王的信赖，一直郁郁不得志，晚年沉溺于酒色，终致病死。

任何人知道了别人所不知道的事，都难免会产生一种优越感，但对于这种别人不及的优点，我们必须隐藏起来，以免招来不必要的灾祸。像信陵君这样有才能的人，因一时不知收敛而导致终身遗憾，岂不可惜？

做个聪明的糊涂人

生活中有很多这样的人，他们看起来很会做人，而且聪明伶俐，简直能把现实当成烂熟于心的棋盘，做什么都驾轻就熟，然而，他们一生却并没有太大的成就。而那些表面糊涂内心聪明的人却不然，他们在人群里显得很平凡，表面上糊涂得很，内心却是世事洞明，在他们的"小糊涂"中蕴涵着"大聪明"。

东汉明帝刘庄的侄子刘睦就是以小糊涂见大聪明的人。他从小好学上进，读书很多，结交了许多有学问、有道德的儒者，与那些只知道吃喝玩乐的公子哥儿从不来往。有一年年底，他派一名官员去洛阳朝贺，临行前，他问前去朝贺的官员说："皇帝如果问起我的情况，你怎样回答？"这位官员回答说："您忠孝仁慈，礼贤下士，深得百姓爱戴。臣虽然不才，怎敢不把这些如实禀告？"

刘睦听后，连连摇头说："你如果这样禀告，就把我给害了！"这位官员不解地问："您为什么这样说呢？"刘睦说："你所说的只是我以前的状况，我现在已经有了很大的变化。你见了皇帝后，就说我自从承袭王爵以来，意志衰退，行动懒散，每天除了在王宫与嫔妃饮酒作乐，就是外出狩猎游玩，对正业丝毫不感兴趣。"

刘睦为什么要这样说呢？这当然是有原因的。因为在当时宗室中，凡是有些志向，或者广纳朋友的，都容易受到朝廷的猜忌，弄不好就会招来杀身之祸。所以，真正聪明的刘睦不得不做糊涂人，教人说出那番话，实际上是一条糊涂中有聪明的明哲保身之计。

同样，在今天要想在社会竞争中获得成功，更需要做一个小事糊涂、大事明白的聪明人。《菜根谭》说："鹰立如睡，虎行似病。"这就是它们准备捕猎前的手段，借以迷惑猎物。所以一个会做人的人，一定是在小糊涂中隐藏聪明的人，而不是张扬自己聪明的人。

美国第九届总统威廉?亨利?哈里逊儿时很文静怕羞，性格有些内向，不太爱说话，村子里的人甚至把他看成傻瓜，常喜欢捉弄他。他们经常把一枚五分硬币和一枚一角的硬币扔在他的面前，让他任意捡一个，威廉每次都捡那个五分的，大家便以此为乐，更认为他是连多和少都不知道的呆子。

"难道你不知道一角要比五分值钱吗？"他的母亲有点难过地问他。

威廉说："当然知道，只是如果我捡了那个一角的，他们肯定不会再扔钱给我了。"

看完这个故事，你还认为威廉"糊涂"吗？其实他就是看似愚笨实则聪明的人，他的小糊涂里正是蕴涵着常人所没有的智慧。

做个看似糊涂的聪明人

一个城里人和一个乡下人一起坐车。城里人看起来很体面，而乡下人却很寒酸。城里人一路冷嘲热讽的，乡下人只是笑笑。过了一会儿，城里人为显示自己聪明，又说：“我们猜猜谜语吧！每人出一个谜语，谁要是猜不出来就给对方十块钱，怎么样？”

乡下人还是笑了笑，说：“这样不太公平，你是城里人，一看就比我聪明，我肯定要吃亏的。我先出谜语，你来猜，如果你没有猜出来，你付我十块钱，然后你出谜语，我要是猜不出来，我给你五块钱，你看这样行吧？”

城里人心想：“凭你个糊涂的乡下人还能比我聪明？你就等着输钱吧。”于是点着头说道：“不许反悔！”

乡下人出谜：“什么东西三条腿，还能在天上飞？”

城里人想了一想，没有猜出来，便给了乡下人十块钱。然后他反问道：“什么东西三条腿，还能在天上飞？”

乡下人说：“你出的谜语好难呀！我也猜不出来。”一边说，一边给城里人递去五块钱。

上面故事中的城里人，他真的比那个乡下人聪明吗？这也许不好下定论，不过大家可以看到，他们比赛的结果是城里人白白输了五块钱。而那个乡下人却是表面糊涂，内心聪明，是个真正会做人的人。

人人都希望自己聪明，但是，真正聪明的人不是时刻都要表现给人看的。糊涂，而且是佯装糊涂，是一般人很难做出来的。但是，它的确是成功做人的一种方式。而且，有时候，表面的糊涂也是迷惑他人的一个手段，可以给自己减少麻烦。

明武宗南巡时，扬州知府蒋瑶感到非常为难，因为他是个清廉的官员，平时也没有多少积蓄，这接待圣驾的确是个难事。而且他平时做人刚正，不肯巴结皇上身边的人，自然少不了有人嫉恨他。

这天，喜好钓鱼的明武宗正好钓到一条大鱼，想找个人卖掉。御钓之鱼当然不是常人所能买得起的，那些小人一看机会到了，就对皇帝说：“这条鱼卖给扬州知府最合适了。”明武宗听了，真的把蒋瑶叫来，要他买下。

蒋瑶听到这消息非常为难。怎么办呢？自己没有钱，再说皇上的鱼给多少才合适呢？最重要的是还不能和皇上斗智，否则冒犯了龙颜，就正好落入了小人的圈套。

蒋瑶想了想说：“我回家拿钱去。”过了一会儿，他取来了妻子的首饰和几件好一点的衣服，跪在地上献给皇帝，说道：“皇上的鱼乃无价之宝，臣这里只有妻女的一些首饰和衣物，臣真该死。”皇帝看蒋瑶一副狼狈的样子，反倒高兴了起来。

这里蒋瑶采用了装糊涂的方法，这也正体现了他的聪明睿智。试想，他拿着妻女的一些首饰和衣物去买皇上的鱼，充其量就是出回洋相而已，而如果他想要小聪明，那肯定难逃小人的算计，其后果也是可想而知的。

胡适先生曾说：“凡是有大成功的人，都是有绝顶聪明而肯做笨功夫的人。”而那些有点小聪明就自以为是的人，恐怕永远也参不透其中的奥妙。

小事不聪明，大事不糊涂

《庄子》中有这样一句话：“人生天地之间，如白驹之过隙，忽然而已。”这句话的意思是说，人生苦短，又何必为区区小事而耿耿于怀呢？对别人有愧于你之处，糊涂些，反而易感动人，从而改变人。而一旦遇到大事的时候，却万万糊涂不得，因为，这时候的一点错失可能就会影响大局。

要说中国古代能做到小事不聪明、大事不糊涂的人，司马懿当之无愧。

三国中的曹操绝对是个英雄人物、当世豪杰，他并没把谁真正放在眼里，“青梅煮酒论英雄”更是预见得非常准确。那些所谓的英雄在他那儿好像都是透明的，他对他们了如指掌。不过“智者千虑，必有一失”，他这一糊涂，便把大好的江山让司马氏抢了去。

曹操本也知道司马懿有大智，还说他有“狼顾”之相，但为什么他却可以骗过聪明的曹操呢？这就是司马懿做人的智慧。他是个懂得装糊涂的人，每天勤于公务，废寝忘食，每遇大事则必与曹操商量，即便他知道事情该怎么处理，也要请示一下曹操，以表明自己优柔寡断，糊涂得不行的状态。而且，从内务到外勤，他都事必躬亲，吃苦耐劳，工作做得很到位，对曹操更是谦恭，所以曹操才一直任用他。

曹操死前本告诫过曹丕，不让他授军权予司马懿。可司马懿的糊涂策略再一次帮了他，他无论身居何职，都用各种方式表示自己的忠诚。就在他转战三国之际，其实很多战略也都是他自己提出来的，但他还是请手下暗示曹丕，再让曹丕提出来，以显示他的军事才能在逐渐衰竭，更是表现自己谦恭不已。而他这一手段蒙过了曹丕，让他忘了曹操临终前的嘱托，再一次托孤给了司马懿。

曹芳即位后，曹爽掌权，曹爽为了保证自家天下的安全，将司马懿明升暗降，剥夺了兵权，甚至想害死司马懿。他派人监视司马懿，这次司马懿的糊涂更是装得高超，他扮演了老态龙钟的形象，双手颤抖，进食都困难，至此曹爽才放弃了对他的戒备。而这个装得老糊涂的司马懿却一下子精明起来，因为他知道，再不行动就是等死。于是，他趁曹爽外出打猎之际，夺回了兵权，曹爽也被斩首了。

此后，司马懿才开始展现自己的聪明，将曹氏的江山玩弄于股掌之上，最后由司马炎篡夺了曹姓江山。

司马懿之所以装了大半辈子的糊涂，就是因为他觉得忍辱负重保全自身才最重要。而当他真正有翻身的机会后，立刻起而反之，达到了必胜的效果。这正是司马懿的高明之处。试想，如果曹操在世时他不装糊涂，他就得不到任用，曹丕时不装糊涂，他就不会有再次受命托孤的机会，而在曹爽时，他若不聪明，则有被杀的危险。司马懿的一生，无疑是他成功做人的一生。

其实，日常生活中也是如此。一些小事没有影响到大局，就不要斤斤计较、患得患失，如能遇事糊涂些，自然烦恼就少得多。我们活在世上只有短短的几十年，却为那些很快就会被人们遗忘了的小事烦恼，实在是不值得。

再者，小事糊涂也可以使我们集中精力于大事业。一个人的精力是有限的，如果一味在小事上浪费精力，或把精力白白地花在钩心斗角、玩弄权术上，就不利于工作、学习和事业的发展。但是，在遇到大事的时候，我们却不能再糊涂，要明白小事与大事的界限，要在大事时保持清醒，才不至于错失良机。

大智若愚，大巧若拙

有人大智若愚，同样也有人大愚若智，区别就在于是否有自知之明。一个人不自我表现，反而显得与众不同；不自以为是，反而会超出众人；不自夸成功，反而会成就大事，这就是大智若愚。而那些盲目自傲、耍小聪明、固执己见、自以为是、好大喜功、爱出风头的人在任何一方面都难成大事,这便是大愚若智。

汉代丞相陈平素以品行端正著称,且才智过人。但他明白糊涂策略的真谛,该糊涂时巧装糊涂。他曾两次装糊涂,而这两次的糊涂却为稳定汉室江山起到了不可小视的作用,一直为世人称道。

汉高祖刘邦当上皇帝后,把自己诸多的儿子都分封为王,各据一方。在他临死时又召集列侯群臣于病榻前郑重嘱托:“此后非刘姓不得封王,如违此约,天下共击之。”他撒手归西后,就把皇位传给了太子,即汉惠帝。可惜这位年轻皇帝登基后不久就病逝了。作为生母的吕后,当皇帝的儿子死了,于国于家都是伤心事,理应悲痛难忍,可是在为汉惠帝发丧时,这位母亲只是干号,没有眼泪,还不时用眼偷看在场的大臣们。丞相陈平一时不解,张良的儿子张群悄悄对他说:“驾崩的皇上眼下没有年纪大的儿子,幼主登基,太后担心大臣们不服管制,若是丞相请太后定夺,让吕氏之吕产、吕召、吕锋为将,统帅京城禁军,掌握大汉重权,我想太后就会安心了。”

丞相陈平从大局出发,为稳定时局、安定人心,就照张群的建议做了,吕后果真动情恸哭起来。可是,吕后并不甘心于她的家族兄弟只作为将,在诸吕掌握朝中大权后,又得寸进尺想封诸吕为王。刘邦临终前曾当众立遗言:“非刘姓汉室子弟而称王,天下共诛之。”如今吕后要这样做,明显是要变刘姓汉室为吕氏天下了,面对这种明目张胆的越轨行为,该怎么办?

右丞相王陵为人正直,敢于直言,而且是刘邦的同乡。当吕后征求他的意见时,他态度异常坚决地说:“高帝宰白马,和大臣立盟约,非刘氏而王,天下共击之。今封诸吕为王,违反盟约。不可!”

吕后听了,很不高兴,又去问左丞相陈平,陈平却是不假思索地说:“高帝平定天下,封自己的子弟为王,如今太后执掌朝政,封自己的弟兄为王没有什么不可以的。”太后大喜,于是择日封吕召为东平王、吕禄为西平王、吕产为中平王。

右丞相王陵见陈平欣然同意吕氏分封三王,十分愤怒,但又无能为力,于是转而责备陈平:“当初与高帝歃血为盟,你难道不在场吗?现在高帝去世,太后要封诸吕为王,你却阿谀逢迎,违背了盟约,将来还有什么面目见先帝呢?”陈平却是不急不躁,用坚定的语气回答道:“眼下你在朝廷据理力争，我不如你，至于保住刘氏宗庙，安定刘氏天下，你恐怕会不如我。”

陈平明明知道刘邦的遗嘱，为什么还要同意吕后的要求？是胆小怕事、贪生怕死吗？非也！他是要把自己的真正意图隐藏起来，等到时机成熟时，再举事发难。眼下的迎合只是暂时的，眼下的牺牲也是局部的，等待时机保住根本、保住大局则是真实的目的。

吕氏封了三个王位后，陈平一直在观察吕后的动静。这位吕太后一旦大权在握，便想杀尽朝中老臣及刘氏各王，以变汉朝为吕家天下。她说干就干，利用手中的权力已杀害了几个刘姓封王，并且她还在寻机下手。陈平想如此下去，汉朝将不复存在了，自己决不能坐以待毙，让吕氏的阴谋得逞。于是，他便派出心腹到虎口余生的刘氏王爷住处探听动静。来到齐王刘泽处的是陈平府上的谋士田子春。临行前陈平对田子春面授机宜，告诉他劝说齐王的方法。齐王刘泽，眼见各兄弟被吕氏迫害到这般地步，禁不住在院子里仰面大哭起来。正当他大放悲声之时，忽然听到背后有人说：“大王，有什么事竟这般悲伤？”

刘泽回头一看，原来是田子春，便对他说：“我虽封王，却一点权力都没有，当日父王给我的二十万兵被吕后追回去了，如今我救不了兄弟，挽不住危时，而且我恐怕自身性命都难保。”

田子春笑着说：“眼下形势虽然危急，但只要肯下决心，也不是没有办法可想。”刘泽赶忙问计，田子春即按陈平的嘱托，要求刘泽花重金贿赂吕后身边的爪牙张石庆。

齐王刘泽见是陈平献的计，说道：“计虽可行，只是本王身边缺少能言善辩的心腹。”

田子春答道：“大王如果相信我，小的不才，愿当此任。”

刘泽大喜过望，让田子春带着重金，扮成商人模样，来到京城。田子春暗地来到吕后新近宠臣张石庆住处献上礼物，并对张石庆极尽奉承之事。

张石庆是个爱财如命的人，见有人重金巴结自己好不得意，便把田子春作为贵宾留在府上。田子春是个善于见机行事之人，他见张对自己并无半点怀疑，更是每天与他高谈阔论，讨得张的欢心，两人称兄道弟起来。

一日，在闲谈间，两人谈起吕后的事，张石庆问道：“你从外面来京，外界对吕氏封王有何反映？”田子春就是为吕氏封王的事来的，但他不能露出声色，见张石庆问起，他便故意吞吞吐吐不愿明说，只是模糊地应了一句：“小弟不敢妄言。”

张石庆见田子春欲言又止，更想弄个明白，便追问道：“你听到什么尽管说，你我是兄弟，我不会责怪你的。”田子春见状，便答道：“既然兄长问起，我不妨直说。事情是这样的，刘氏还有三个王在外，无兵无权的，今见一天之内封三个姓吕的为王，自然不喜欢，再说朝野中多有异议，万一疑心，造起反来，事情不是弄糟了吗？”张石庆本是一个脓包，听他一说，连忙问道：“那怎么办才好？”

“现在最好的办法就是也给刘氏子孙一点好处，如此就不会有异议了。”接着，田子春便附在张石庆的耳旁嘀咕了一阵，说得张石庆眉毛都跳起来了。

当晚，张石庆入宫见太后，奏说：“外间已传开了，说关外三王刘泽、刘号、刘长，知封三吕为王，心中不服，想造反了。”

太后问：“那要用什么方法制止他们呢？”

“可不可以这样？”张石庆说，“将三王中的有官者赐赏，无官者赋予兵权，他们尝到了甜头就自然不会作乱了。”

“对！你说的是。”

太后便马上将丞相陈平招进宫来，商议此事，陈平听了，心中暗喜，心想一定是田子春处得手了。太后问陈平：“三王中谁无兵权？”

陈平立即答道：“启禀太后，只有山东刘泽无职无兵。”

“好，就诏刘泽入朝！”

刘泽一见诏书，大喜，便即刻赶到京城。

太后在殿上召见刘泽说：“我儿长住京外，少不了劳顿之苦，我会赋予你一些军权，望你务要谨慎从事。”

刘泽喜不自胜，叩头谢恩。太后一见刘泽那急不可耐的架势，又见刘泽身材魁梧、气宇不凡，话虽出口，心中不免有些后悔起来，她拿着兵符不撒手，只是瞟着陈平问道：“可不可以给他？”陈平怕太后临时变卦，赶忙应道：“太后圣鉴不错！”太后这才把兵符给了刘泽。

兵印是交了，该给多少兵马呢？给兵印太后已犯嘀咕，在给兵问题上她更是犹豫再三。给多了怕日后成为后患，给少了又怕世人说她虚情假意，会引起众人更多猜疑。一时下不了决心，又扭头问陈平：“你看该给多少兵马？”

“凭太后定决。”陈平把球又踢给了太后。

“三万？”太后伸出三根手指对刘泽说。

陈平赶紧向刘泽使眼色，叫他不能应允，刘泽不语。

“是这个数？”吕后伸出右手的五个指头，意思是五万。她见刘泽还是不说话，便把右手掌翻过来，再加上左手两个指头，大声说：“这个数足够了！”她的意思是七万。刘泽见太后只伸着指头比划，闹不清是多少，愣在那里不知如何是好。吕后见刘泽只是呆立着不说话，发火了，正想收回兵权，陈平立即喝醒刘泽：“刘泽还不叩头谢恩！太后手摆了两下，已给了你五五二十五万兵马了。”刘泽如大梦初醒，急忙跪下谢恩。这下急坏了吕太后，她想不到陈平来这一手，“君”无戏言，她不好申辩，只好无可奈何地对刘泽说：“看在高祖面上，就给你吧！”

第二天一早，刘泽就前往兵部交割兵马，二十五万大军浩浩荡荡出了长安城。

刘氏王爷有了兵权，又有陈平、周勃等一帮旧臣的辅佐和支持，终于顺利地铲除了吕姓势力，恢复了汉室江山。

在这场政治斗争中，陈平前后糊涂了两次。第一次是汉惠帝新逝，吕后发难，一来为稳定当时局势，二来也是迫于反吕时机不成熟，陈平韬光养晦，顺其自然装糊涂，同意了吕氏封王的做法，使政权得以平稳过渡，又免去了吕太后许多疑心，减少了许多麻烦，为日后伺机而动创造了条件。第二次是在宫殿之上，陈平将计就计，与吕太后玩了一次“模糊数学”，让吕太后有苦说不出，却让刘泽轻松得到二十五万兵马，从而为后来平定诸吕之难奠备了坚实的基础。正因为他的这两次糊涂，才有效地保住了汉室的江山，这也表明了陈平的大智慧。

俗话说：“天有不测风云，人有旦夕祸福。”世上的事情不是以人的意志为转移的。想做好一件事，但客观条件极有限时，不如顺其自然，装一装糊涂，不丧失原则和人格，或为了公众为了长远，哪怕暂时忍一忍，受点委屈也值得，心中有数(树)，就不是荒山。有时候，事情逼到了那个份上，就玩一次聪明，表面上给他个“模糊数学”，让他丈二和尚摸不着头脑，反而会变不利为有利，变被动为主动，有利于事情按预期的方向发展。

成大事的人知道聪明是一笔财富，关键在于怎么使用。真正聪明的、有智慧的人会恰当使用自己的聪明和智慧，即做到深藏不露，不到火候时不会轻易使用，要貌似平常，让人家不眼红你，达到最终目的。做人最忌一味地强出头，不管必要不必要，不管合适不合适，时时处处显露精明，那样不仅不会成就大事，反而会成为招灾引祸的根源。

谦卑处世人不弃

一副高高在上的姿态，一副得意忘形的面孔，一副颐指气使的神情，一副专横跋扈的气势……以这种傲慢的姿态处世，迟早会失败。

社会的门楣有高有低，只有以谦卑的姿态行走其间，才能顺利通过所有的门庭。

羊祜出身于官宦世家，是东汉蔡邕的外孙，晋景帝司马师的献皇后的同母弟。但他为人清廉谦恭，毫无官宦人家奢侈骄横的恶习。

他年轻时曾被荐举为上计吏，州官四次征辟他为从事、秀才，五府也请他做官，他都谢绝。有人把他比做孔子最喜欢的学生——谦恭好学的颜回。曹爽专权时，曾任用他和王沈。王沈兴高采烈地劝他一起应命就职，羊祜却淡淡地回答："委身侍奉别人，谈何容易！"后来曹爽被诛，王沈因为是他的属官而被免职。王沈对羊祜说："我应该记住你以前说的话。"羊祜听了，并不夸耀自己有先见之明，说："这不是预先能想到的。"

晋武帝司马炎称帝后，因为羊祜有辅助之功，任命其为中军将军，加官散骑常侍，封为郡公，食邑三千户。但他坚持辞让，于是由原爵晋升为侯，其间设置郎中令，备设九官之职。他对于王佑、贾充、裴秀等前朝有名望的大臣，总是十分谦让，不敢居其上。

后来因为他都督荆州诸军事等功劳，加官到车骑将军，地位与三公相同，但他上表坚决推辞，说："我入仕才十几年，就占据显要的位置，因此日日夜夜为自己的高位战战兢兢，把荣华当作忧患。我身为外戚，事事都碰到好运，应该警诫受到过分的宠爱。但陛下屡屡降下诏书，给我太多的荣耀，使我怎么能承受？怎么能心安？现在有不少才德之士，如光禄大夫李熹高风亮节，鲁艺洁身寡欲，李胤清廉朴素，都没有获得高位，而我无能无德，地位却超过他们，这怎么能平息天下人的怨愤呢？因此乞望皇上收回成命！"但是皇帝没有同意。

晋武帝咸宁三年，皇帝又封羊祜为南城侯，羊祜坚辞不受。羊祜每次晋升，常常辞让，态度恳切，因此名声远播，朝野人士都对他推崇备至，以至认为他应居宰相的高位。羊祜历职二朝，掌握机要大权，但他本人对于权势却从不钻营。他筹划的良计妙策和议论的稿子，过后都焚毁，所以世人不知道其中的内容。凡是他所推荐而晋升的人，他从不张扬，被推荐者也不知道是羊祜荐举的。有人认为羊祜过于缜密了，他说："这是什么话啊！古人的训诫：人朝与君王促膝谈心，出朝则佯称不知——这我还恐怕做不到呢！不能举贤任能，有愧于知人之难啊！况且在朝廷签署任命，官员到私门拜谢，这是我所不取的。"

羊祜平时清廉俭朴，衣被都用素布，得到的俸禄全拿来周济族人，或者赏赐给军士，家无余财。临终留下遗言，不让把南城侯印放进棺柩。他的外甥齐王司马攸上表陈述羊祜妻不愿按侯爵级别殓葬羊祜的想法时，晋武帝下诏说："羊祜一向谦让，志不可夺。身虽死，谦让的美德却仍然存在，遗操更加感人。这就是古代的伯夷、叔齐之所以被称为贤人，季子之所以保全名节的原因啊！现在我允许恢复他原来的封爵，用以表彰他的高尚美德。"

羊祜是成功的，上至一国之主，下至黎民百姓，都对他表示敬佩。羊祜的参佐们也赞扬他德高而卑谦，位尊而谦恭。

大智若愚，实乃养晦之术

从做人的原则来看，大智若愚体现为以静制动、以暗处明、以柔克刚，是为降格以待的智慧。

愚、拙、屈、讷都给人以消极、低下、委屈、无能的感觉，使人放弃戒惧或者与之竞争的心理。但愚、拙、屈、讷却是人为营造的迷惑外界的假象，目的是为了要减少外界的压力，或使对方降低对自己的要求。如果要克敌制胜，那么可以在不受干扰、不被戒惧的条件下，暗中积极准备，以奇制胜，以有备胜无备；如果意图在于获得外界的赏识，愚钝的外表可以降低外界对自己的期待，而实际的表现却又超出外界对自己的期待，这样的智慧表现就能格外出其不意，引人重视。"大智若愚"是在平凡中表现不平凡，在消极中表现积极，在无备中表现有备，在静中观察动，在暗中分析明，因此它比积极、比有备、比动、比明更具优势，更能保护自己。

在中国古代做人的艺术中，“大智若愚”常被演变为一套内容极其丰富的韬光养晦之术。

那些见过大风大雨的“过来人”对老子的名言“挫其锐，解其纷，和其光，同其尘，是谓玄同”理解得格外深刻，因而每当身处一些“特殊关系”的微妙场合，或者在面临生命威胁的紧要关头，韬晦者无不恬然淡泊，大智若愚。

隋朝的时候，隋炀帝十分残暴，各地农民起义风起云涌，隋朝的许多官员纷纷倒戈，转向农民起义军。因此，隋炀帝的疑心很重，对朝中大臣，尤其是外藩重臣，更是易起疑心。唐国公李渊（即唐太祖）曾多次担任中央和地方官，所到之处，悉心结识当地的英雄豪杰，多方树立恩德，因而声望很高，许多人都来归附他。这样，大家都替他担心，怕遭到隋炀帝的猜忌。正在这时，隋炀帝下诏让李渊到他的行宫去晋见，李渊因病未能前往，隋炀帝很不高兴，多少有点猜疑。当时，李渊的外甥女王氏是隋炀帝的妃子，隋炀帝向她问起李渊未来朝见的原因，王氏回答说是因为病了，隋炀帝又问道：“会死吗？”

王氏把这消息传给了李渊，李渊更加谨慎起来，他知道迟早会被隋炀帝所不容，但过早起事又怕力量不足，只好隐忍等待。于是，他故意广纳贿赂，败坏自己的名声，整天沉湎于声色犬马之中，而且大肆张扬。隋炀帝听到这些，果然放松了对他的警惕。这样，才有后来的太原起兵和大唐帝国的建立。

假如李渊当初听了隋炀帝的话，不是自毁声誉、低调做人，而是怒火中烧、马上与之理论或采取兵变，很可能会因为准备不足、时机不成熟而失败。

这种低调做人之术在汉以后的所有做人术中发展得最为充分，许多成大事者，在成就大事之前都有韬晦的历史，无不以弱者的姿态做出强者的举动。

平和待人留余地

平和是一种心态，是一种美德。秉持平和的心态做人，自然能妥善地对待世间的人和事，既尊重自己，又能迎得别人的尊敬，这也是低调做人的要义。

宋代有个叫韩琦的人，曾同范仲淹一道推行新政，北宋时长期担任宰相职位。韩琦在定武统帅部队时，夜间伏案办公，一名侍卫拿着蜡烛为他照明。那个侍卫一不小心走神，蜡烛烧了韩琦鬓角的头发，韩琦没说什么，只是急忙用袖子蹭了蹭，又低头写字。过了一会儿一回头，发现拿蜡烛的侍卫换人了，韩琦怕主管侍卫的长官鞭打那个侍卫，就赶紧把他们召来，当着他们的面说："不要替换他，因为他已经懂得怎样拿蜡烛了。"军中的将士们知道此事后，无不感动佩服。按理说，侍卫拿蜡烛照明时不全神贯注，把统帅的头发烧了，本身就是失职，韩琦责备一句也是应该的，即使不责备，挨烧时"哎呀"一声也难免。可他不但忍着疼没吱声，还怕侍卫受到鞭打责罚，极力替其开脱。他这种容忍比批评和责罚更能让士兵改正缺点、尽职尽责，而且韩琦统帅的是一个大部队，事情虽小，影响却大，上上下下一知晓，谁不愿意为这样的统帅卖命呢？

韩琦镇守大名府时，有人献给他两只出土的玉杯，这两只玉杯表里毫无瑕疵，是稀世珍宝。韩琦非常珍爱，送给献宝人许多银子。每次大宴宾客时，总要专设一桌，铺上锦缎，将那两只玉杯放在上面使用。结果有一次在劝酒时，玉杯被一个官吏不小心碰到地上摔个粉碎。在座的官员惊呆了，碰坏玉杯的官吏也吓傻了，趴在地上请求治罪。可韩琦却毫不动容，笑着对宾客说："大凡宝物，是成是毁，都有一定的时数，该有时它献出来了，该坏时谁也保不住。"说完又转过脸对趴在地上的官吏说："你偶然失手，并非故意的，有什么罪呢？"这番话说得十分精彩！玉杯已经打碎，无论怎样也不能复原，责骂、痛打一顿肇事者吧，徒然多了一个仇人，众位宾客也会十分尴尬，好端端的一场聚会便不欢而散，也会大大有损自己的形象。而韩琦此言一出，立刻博得了众人的赞叹，肇事者对他更是感激涕零，恐怕给他做牛做马也心甘情愿了。

元代吴亮在谈到韩琦时说："韩琦器量过人，生性淳朴厚道，不计较疙疙瘩瘩一类的小事。功劳天下无人能比，官位升到臣子的顶端，但不见他沾沾自喜；经常在官场的不测之祸中周旋，也不见他忧心忡忡。不管在什么情况下，他都能做到泰然处之，不被别的事物牵着走，一生不弄虚作假。在处世上，被重用，就立于朝廷与士大夫们公平议事；不被重用，就回家享受天伦之乐，一切出自真诚。”韩琦一生处于危险之地，而又一直立于不败之地，这是为什么呢？正如他自己所说的：“天下之事，没有完全尽如人意的，一定要用平和的心态去对待。不这样，连一天也过不下去。即使是和小人在一起时，也要以诚相待。只不过知道他是小人，就同他少来往罢了。”这就是韩琦处世高人一筹的秘密。

坚持到时机成熟时

在客观环境于己不利时，要有挺的精神，挺不住，就只能做老二，难做老大；挺得住，就会由老二的位置升到老大的位置。

刘邦和项羽在称雄争霸、建功立业时，其实就是在“挺”上见出高下、决出雌雄的。这是一种“忍”功的较量：谁能够“挺住”，谁就得天下，称雄于世；谁刚愎自用，小肚鸡肠，谁就失去天下，一败涂地。宋代著名大文学家苏东坡在评论楚汉之争时就曾说：汉高祖刘邦所以能胜，楚霸王项羽所以失败，关键在于是否能忍。项羽不能忍，白白浪费了自己百战百胜的勇猛；刘邦能忍，养精蓄锐，等待时机，直攻项羽弊端，最后夺取胜利。刘邦可以成大业是他懂得忍下人之言，忍个人享乐，忍一时失败，忍个人意气；而项羽脾气大，什么都难以容忍，不懂得“小不忍则乱大谋”的道理，大业未成身先死，可悲可叹！

楚汉战争之前，高阳人郦食其拜见刘邦，献计献策，一进门看见刘邦坐在床边洗脚，便不高兴地说：“假如你要消灭无道暴君，就不应该坐着接见长者。”刘邦听了斥责后，不但没有勃然大怒，而是赶快起身，整装致歉，请郦食其入上座，虚心求教，并按郦食其的意见去攻打陈留，将秦积聚的粮食弄到手。刘邦围困宛城时，被困在城里的陈留偷偷溜出来见刘邦，告诉他与其围城攻城，不如对城内的官吏劝降封官，这样就可以化敌为友，放心西进，先入咸阳为王。刘邦采纳了他的意见，使宛城不攻自破。

与刘邦容忍的态度相反，项羽则刚愎自用、自以为是。一个有识之士建议项羽在关中建都以成霸业，项羽不听，那人出来发牢骚道：“人们说‘楚人是沐猴而冠’，果然如此。”结果项羽知道了，大怒，立即将那人杀掉。楚军进攻咸阳时到了新安，只因投降的秦军有些议论，项羽就起杀心，一夜之间把 20 多万秦兵全部活埋，从此残暴名闻天下。他怨恨田荣，因此不封他，而立齐相田都为王，致使田荣反叛。他甚至连身边最忠实的范增也怀疑不用，结果错过了鸿门宴杀刘邦的机会，最后气走范增，成了孤家寡人。

刘邦也不是不食人间烟火的圣人，刘邦在沛县乡里做亭长时，好酒好色。当刘邦的军队进了咸阳，将士们纷纷争着抢着去找皇宫的仓库往腰包里揣金银财宝时，刘邦自己也曾被阿房宫的富丽堂皇和貌如天仙的宫女弄得眼花缭乱，有些迈不动步了。但在部下樊哙"沛公是要打天下还是要当富翁"的提醒下，立时醒悟，忍住了贪图享乐的念头，下令封了仓库和宫殿，带着将士仍旧回到灞上的军营里，并约法三章，对百姓秋毫无犯，这就使他赢得了民心，得到了民众的支持。

而项羽一进咸阳，就杀了秦王子婴，烧了阿房宫，收取了秦宫的金银财宝，掠取宫娥美女，并带回关东。相比之下，他怎能不失人心呢？

楚汉战争中，刘邦的实力远不如项羽。当项羽听说刘邦已先入关后怒火冲天，决心要将刘邦的兵力消灭。当时项羽40万兵马驻扎在鸿门，刘邦10万兵马驻扎在灞上，双方只相隔40里，兵力悬殊，刘邦危在旦夕。在这种情况下，刘邦能做到"得时则行，失时则蟠"，先是请张良陪同去见项羽的叔叔项伯，再三表白自己没有背叛项羽的意思，并与之结成儿女亲家，请项伯在项羽面前说句好话。然后，第二天一清早，又带着张良、樊哙和一百多个随从，拿着礼物到鸿门去拜见项羽，低声下气地赔礼道歉，化解了项羽的怒气，缓和了与项羽的关系。表面上看，刘邦忍气吞声，项羽挣足了面子，实际上刘邦以小忍换来自己和军队的安全，赢得了发展和壮大力量的时间。甚至当自己胸部受了重伤时，刘邦也能忍着伤痛在楚军阵前故意弓着腰，摸摸脚，骂道"贼人射中了我的脚趾"，以麻痹敌人，回到自己大营后又忍着伤痛巡视军营，来稳定军心。他对不利条件的隐忍，对暂时失败的坚忍，反映了他的谋略，也体现了他巨大的心理承受力，这是成就大业者必备的一种心理素质。

羽翼未丰不可妄动

过早地将自己的底牌亮出来，往往会在以后的交战中失败。

羽翼未丰时，要懂得让步，低调处之，不可四处张扬。

《易经》乾卦中的“潜龙在渊”，就是指君子待时而动，要善于保全自己，不可轻举妄动。

公元616年，李渊被诏封为太原留守，北边的突厥竟用数万兵马多次冲击太原城池，李渊遣部将王康达率千余人出战，几乎全军覆灭。后来巧使疑兵之计，才勉强吓跑了突厥兵。更可恶的是，在突厥的支持和庇护下，郭子和、薛举等纷纷起兵闹事，李渊防不胜防，随时都有被隋炀帝借口失责而杀头的危险。

人们都以为李渊会怀着刻骨仇恨，与突厥决一死战。

不料李渊竟派遣谋士刘文静为特使，向突厥屈节称臣，并愿把金银珠宝统统送给始毕可汗！

李渊为什么这么做呢？其实，他早有自己的盘算。

原来李渊根据天下大势，已断然决定起兵反隋，而要起兵成大气候，太原虽是一个军事重镇，但却不是理想的发家基地，必须西入关中，方能号令天下，可太原又是李唐大军万万不可丢失的根据地。

那么用什么办法才能保住太原，顺利西进呢？

当时李渊手下兵将不过三四万人马，既要全部屯驻太原，应付突厥的随时冲击，同时又要追剿有突厥撑腰的四周盗寇，已是捉襟见肘。而现在要进伐关中，显然没有能力留下重兵把守。

唯一的办法是采取和亲政策，让突厥“坐受宝货”。

所以李渊不惜俯首称臣。

退一步海阔天空，唯利是图的始毕可汗果然与李渊修好。由于李渊甘于让步，还得到了突厥的不少资助。

始毕可汗一路上送给李渊不少马匹及士兵，李渊又乘机购来许多马匹，这不仅为其拥有一支战斗力极强的骑兵奠定了基础，而且因为汉人素惧突厥兵英勇善战，李渊军中有突厥骑兵，自然凭空增加了声势。

李渊让步的行为，不失为一种明智的策略，它使弱小的李家军既平安地保住了后方根据地，又顺利地西行打进了关中。

如果再把眼光放远一点看，突厥在后来又不得不向李渊求和称臣，突厥可汗还在李渊的使唤下顺从地翩翩起舞哩！

人处高处要自危

人一旦出头了,发达了,就容易成为众人注目的焦点,被人品评。因此,越是位居显要处,就越是要经常反躬自省,越是要讲究低调做人,融入大众之中。唯此,才能做到更有效地保护自己。

有时候大凡做官的人,尤其是做高官的人,没有不想要一个好结局的,然而很多时候却往往事与愿违。

那么怎样才能保证自己有一个好收场呢?曾国藩以他身居高位的亲身体验,具体开出了三个药方,以防居官之败。

曾国藩说,身居高位的规律,大约有三端:一是不参与,就像是与自己没有丝毫的交涉;二是没有结局,正如古人所说的"一天比一天谨慎,唯恐高位不长久",身居高位、行走危险之地而能够善终的人太少了;三是不胜任,唯恐自己不能胜任。《周易·鼎》上说:"鼎折断足,鼎中的食物便倾倒出来,这种情形很可怕。"说的就是不胜其任。方苞说汉文帝做皇帝,时时谦让,像有不能居其位的意思,难道不是在不胜任这方面有体会吗?孟子说周公遇与自己不合的人,仰天而思虑事情的原委,以致夜以继日,难道不是在唯恐不胜任的道理上有体会吗?

曾国藩说,越走向高位,失败的可能性越大,而惨败的结局就越多,因为"高处不胜寒"啊!

那么,每升迁一次,就要以十倍于以前的谨慎心理来处理各种事务。他借用烈马驾车,绳索已朽,形容随时有翻车的可能。

他详细阐述:国君把生杀予夺之权授给督抚将帅,如同东家把银钱货物授给店中众位伙计。如果保举太滥,对国君的名器不甚爱惜,就好比低价出售浪费财物,对东家的货财不甚爱惜一样。

进而推说:"偷人家的钱财,还说成是盗;何况是贪天之功以为是自己的力量。"曾国藩认为利用职权牟取私利,就违背了不干预之道,是注定要自食恶果的。

一事想贪,则可能事事想贪;一时想贪,则可能时时想贪,从而陷自己于不利之地。

至于不终、不胜,曾国藩则更是深有体会,他说:陆游说能长寿就像得到富贵一样。开始我不知道他的意思，就挤进老年人的行列中了。我近来混了个虚浮的名誉，也不清楚是什么原因就得到了这个美好的声名了。古代的人获得大的名声的时候正是艰苦卓绝的时候，通常不能顺利地度过晚年！想到这些不禁害怕。想要准备写奏折把这些权力辞掉，不要再管辖这四省吧，害怕背上不胜其任、以小人居君子的罪名。

正因为如此，曾国藩虽身居高位，也时时犹履薄冰，大功告成之日，更是感觉如蹈危局。

这种小心反倒使得曾国藩得到了该得到的，不终也“终”了，不胜也“胜”了。

人生切记和为贵

做人要低调，以和为本，“人和为宝”、“和气生财”，如果没有和气的人际环境作基础，一个人是不可能在社会上立足的。很多人因为理不顺人际关系而误人误己。

《易经》中非常强调“和”字的重要性，所谓“天时地利人和”，就深刻地表明了“人和”的重要价值。善为大事者，能够控制个人情感，以和谐的人际关系为最佳的做人之本，因为他们懂得“唯和方法少麻烦”的道理。

相反有些人总是“狂傲不羁”，爱挑起事端，喜欢看到人与人之间摩擦起火。我们知道，人都是情感的动物，因此如何学会用理性控制情感——把情感装入理性之盒就显得至关重要。成大事者是不会被情感左右的，因为他们牢记“和”字，力戒感情冲动。

战国时的蔺相如是个善于控制情感的人，他化解了廉颇对自己的怨恨，使赵国强大，“将相和”的故事传为美谈。

智勇双全的蔺相如，先在秦廷战胜了残暴的秦王，完璧归赵，不辱使命；后在渑池迫使秦王为赵王击缶，维护了赵国的尊严。

由于如此巨大的功绩，蔺相如被拜为上卿，地位超过了赵国老将廉颇。这事惹恼了急躁刚直的廉老将军，他说：“我出生入死，攻城野战，功勋卓著，才赢得眼下的高位。那蔺相如有何本领？他不过是摇唇鼓舌，和秦国打了两次交道罢了。他原来地位那样低贱，现今却官居我之上，我怎能咽下这口气？见到他，非羞辱一顿不可。”

蔺相如听说了这事，每逢上朝就经常推托有病，不肯和廉颇争位次先后，有时外出，远远见到廉颇的车马，蔺相如就急忙令人把车让到小巷子去。

蔺相如的门下看到这些情况，颇为不解，纷纷说："我们仰慕您高尚的人品，才投到您的门下。现在您位居廉颇之上，他说出那样难听的话，您居然躲起来，害怕得不得了。对那种难听的话，平民百姓都难以忍受，何况像您这样的大臣呢？我们没什么本领，请允许我们辞别吧！"

面对众门客激烈的言词，怎么辩解呢？蔺相如先不作解释，故意岔开话题，问了一件似乎与此无关的事："你们看廉将军和秦王两人哪一个厉害？"

"廉将军当然不如秦王！"众门客异口同声地回答。

"那么，秦王有那样大的威风，我敢在秦廷大声叱责他，还敢责骂他的文武高官，难道我会害怕廉颇吗？我所想的是：强暴的秦国之所以不敢发兵侵扰我赵国，只是因为有我和廉颇两人在罢了。现今两虎相斗，必有一伤。我这样避让廉将军，就是把国家的利益放在前面，而把私人的恩怨放在后面啊！"

众门客顿时领悟，由衷折服。这些话传到廉颇耳中，这位久经沙场的老将军羞惭不已，立即上蔺府"负荆请罪"，在历史上留下了一段美谈

吃亏是福

"吃亏"也许是指物质上的损失，但是一个人幸福与否，却往往取决于他的心境如何。如果我们用外在的东西换来了心灵上的平和，那无疑是获得了人生的幸福，便是值得的。

不少好朋友，抑或事业上的合作伙伴，由于种种原因，后来反目成仇了，双方都搞得很不开心，甚至是大打出手。

有个人却不一样，他与朋友合伙做生意，几年后一笔生意让他们将所赚的钱又赔了进去，剩下的是一些值不了多少钱的设备，他对朋友说："全归你吧，你想怎么处理就怎么处理。"

留下这句话后，他就与朋友分手了。显得多有风度啊，没有反目成仇，也没有相互埋怨，这叫"好合好散"。生意没了，人情还在。

有人问李泽楷:“你父亲教了你一些怎样成功赚钱的秘诀吗?”

李泽楷说,赚钱的方法他父亲一点也没有教,只教了他一些为人的道理。李嘉诚曾经这样跟李泽楷说,他和别人合作,假如他拿七分合理,八分也可以,那么他只会拿六分。

李嘉诚的意思是,他吃亏可以争取更多人愿意与他合作。你想想看,虽然他只拿了六分,但多了一百个合作人,他将能拿到多少个六分?假如拿八分的话,一百个人会变成五个人,结果是亏是赚可想而知。李嘉诚一生与很多人进行过或长期或短期的合作,分手的时候,他总是愿意自己少分一点钱。

如果生意做得不理想,他就什么也不要了,愿意吃亏。这是种风度,也是种气量,也正是这种风度和气量,才有人乐于与他合作,他也就越做越大。

所以李嘉诚的成功更得力于他恰到好处的处世交友经验。

吃亏是福,乃智者的智慧。不管你是做老板也好,还是做合作伙伴也罢,旁边的人跟着你有好日子过,有奔头,他才会一心一意与你合作,跟着你干。

有人与朋友一旦分手,就翻脸不认人,不想吃一点亏,这种人是否聪明不敢说,但可以肯定的是,一点亏都不想吃的人,只会让自己的路越走越窄。让步、吃亏是一种必要的投资,也是朋友交往的必要前提。

生活中,人们对处处抢先、爱占小便宜的人都没有什么好感。占便宜的人首先在做人上就吃了大亏,因为他处处抢先,从来不为别人考虑,眼睛总是盯着他看好的利益,迫不及待地跳出来想占有它。他周围的人对他很反感,合作几个来回就再也不想与他继续合作了。合作伙伴一个个离他而去,那他不是吃了大亏吗?

把掌声留给对手

不少人与人初次见面很客气,与人短时间相处也能做到谦让大度,可是时间长了就相处不好了,不愿为对方付出,甚至斤斤计较起来。成功的处世是与人相处得越久越显示出自己对人的友好。

有的人与他人相处久了,产生一种视对方为工作和生活中的竞争对手的心理，以致处处戒备和设防，对人的笑容减少了，客气话也少了，反而挖苦与讽刺的话多了。

当我们看到自己取得成功的时候总是兴奋不已，希望有人为自己鼓掌。可是当身边人，包括你的“假想敌”、你的对手取得成功的时候，你该怎样去面对呢？

是嫉妒还是欣赏？是大声叫好还是不屑一顾？尤其是你平日相处得很紧张、很不快乐的人成功了，这时候，你为他鼓掌，会化解对方对你的不满和成见，改变他对你的态度，打开你们之间的死结。

多为他人鼓掌，这种付出不但对你没有什么损失，而且能给你带来很大的利益。

1991 年 11 月 3 日夜，美国大选揭晓。当选总统克林顿在其支持者们的聚会上发表即席演说，先是言辞恳切地感谢昨天还在互相猛烈攻击的主要政敌布什，感谢布什从一名战士到一位总统期间为美国作出的卓越贡献，并呼吁布什和另一位对手佩罗及其支持者与他团结合作，在他未来四年的执政期间，在全面振兴美国的大变革中继续忠诚地服务于祖国。

而远在异地的布什则打电话祝贺克林顿成功地完成了“强有力的竞选”，他还调侃地告诫克林顿：“白宫是个累人的地方。”并保证他本人和白宫各级人士将全力以赴地与克林顿的班子合作，顺利完成其交接的工作。

这种客气，在某种意义上就是一种付出——精神的付出。竞选的成功与失败，对布什和克林顿这两个对手来说，欢乐与悲哀都是不言而喻的，但在现实面前，两个对手保持了高度的理智，对对方的成绩表现了超然的风度。

亚历山大和大流士在伊萨斯展开激烈大战，大流士失败后逃走了。一个仆人想办法逃到大流士那里，大流士询问自己的母亲、妻子和孩子们是否活着，仆人回答：“他们都还活着，而且人们对她们的殷勤礼遇跟您在位时一模一样。”

大流士听完之后又问他的妻子是否仍忠贞于他，仆人的回答仍是肯定的。于是他又问亚历山大是否曾对她强施无礼，仆人先发誓，随后说：“陛下，您的王后跟您离开时一样，亚历山大是最高尚和最能控制自己的英雄。”

大流士听完仆人这句话，双手合十，对着苍天祈祷说：“啊！宙斯大王！

您掌握着人世间帝王的兴衰大事。既然您把波斯和米地亚的主权交给了我,我祈求您,如果可能,就保佑这个主权天长地久。但是如果我不能继续在亚洲称王了,我祈祷您千万别把这个主权交给别人,只交给亚历山大,因为他的行为高尚无比,对敌人也不例外。”

为别人付出困难,为对手付出更困难。付出既有物质上的,也有精神上的。当别人有困难的时候,你的一句鼓励话就是给予,当别人成功的时候,你的掌声就是礼物。一些同行冤家和竞争对手,多采取的是用阴险的手段打击报复,而不知道如何化敌为友。想把对手变成朋友,就要舍得为他“付出”,对方陷入困境的时候,你要保持冷静,不能见机踹他一脚,当你成功的时候,不要在对方面前趾高气扬,应克制自己,不要流露出得意。做到这些就是“付出”,智慧的“付出”。

一位成功人士说:“为竞争对手叫好,并不代表自己就是弱者。为对手叫好,非但不会损伤自尊心,相反还会收获友谊与合作。”为对手叫好是一种美德,你付出了赞美,得到的是感激;为对手叫好是一种智慧,因为你在欣赏他们的同时,也在不断提升和完善自我;为对手叫好是一种修养,为对手赞美的过程,也是自己矫正自私与妒忌心理,培养大家风范的过程。

以宽容之心度他人之过

古人云:冤冤相报何时了,得饶人处且饶人。这是一种宽容,一种博大的胸怀,一种不拘小节的潇洒,一种伟大的仁慈。

自古至今,宽容被圣贤乃至平民百姓尊奉为做人的准则和信念,已成为中华民族传统美德的一部分,并且被视为育人律己的一条光辉准则。

在日常生活中,难免会发生这样的事:亲密无间的朋友,无意或有意做了伤害你的事。

你是宽容他,还是从此分手,抑或伺机报复?有句话叫“以牙还牙”,分手或报复似乎更符合人的本能心理。但若这样做了,怨会越结越深,仇会越积越多,真是冤冤相报何时了。

如果你在切肤之痛后,采取别人难以想象的态度,宽容对方,表现出别人难以达到的襟怀,你的形象瞬时就会高大起来,你的宽宏大量、光明磊落就会使你的精神达到一个新的境界,你的人格将会折射出高尚的光彩。

宽容，作为一种美德受到了人们的推崇，作为一种人际交往的心理因素，也越来越受到人们的重视和青睐。

二战期间，一支部队在森林中与敌军相遇，激战后，两名战士与部队失去了联系。这两名战士来自同一个小镇。

两人在森林中艰难地跋涉，他们互相鼓励、互相安慰。十多天过去了，仍未与部队联系上。一天，他们打死了一只鹿，依靠鹿肉又艰难地度过了几天。也许是战争使动物四散奔逃或被杀光，这以后他们再也没看到过任何动物。

他们仅剩下的一点鹿肉，背在年轻战士的身上。这一天，他们在森林中又一次与敌人相遇，经过再一次激战，他们巧妙地避开了敌人。

就在自以为已经安全时，只听一声枪响，走在前面的年轻战士中了一枪，幸亏伤在肩膀上！后面的士兵惶恐地跑了过来，他害怕得语无伦次，抱着战友的身体泪流不止，并赶快把自己的衬衣撕下来包扎战友的伤口。

晚上，未受伤的士兵一直念叨着母亲的名字，两眼直勾勾的。他们都以为他们熬不过这一关了，尽管饥饿难忍，可他们谁也没动身边的鹿肉。天知道他们是怎么过的那一夜。第二天，部队找到了他们。

事隔三十年，那位受伤的战士安德森说："我知道谁开的那一枪，他就是我的战友。当时在他抱住我时，我碰到他发热的枪管。

我怎么也不明白他为什么对我开枪，但当晚我就宽容了他。

我知道他想独吞我身上的鹿肉，我也知道他想为了他的母亲而活下来。

此后30年，我假装根本不知道此事，也从不提及。战争太残酷了，他母亲还是没有等到他回去，我和他一起祭奠了老人家。

那一天，他跪下来，请求我原谅他，我没让他说下去。

我们又做了几十年的朋友，我宽容了他。"

即使一个非常宽容的人，也往往很难容忍别人对自己的恶意诽谤和致命的伤害。但唯有以德报怨，把伤害留给自己，才能赢得一个温馨的世界。释迦牟尼说："以恨对恨，恨永远存在；以爱对恨，恨自然消失。"

美国第三任总统杰斐逊与第二任总统亚当斯从交恶到宽恕就是一个生动的例子。

杰斐逊在就任前夕到白宫去，想告诉亚当斯，说他希望针锋相对的竞选活动并没有破坏他们之间的友谊。

但据说杰斐逊还来不及开口，亚当斯便咆哮起来："是你把我赶走的！是你把我赶走的！"从此两人没有交谈达数年之久，直到后来杰斐逊的几个邻居去探访亚当斯，这个坚强的老人仍在诉说那件难堪的事，但接着冲口说出："我一直都喜欢杰斐逊，现在仍然喜欢他。"

邻居把这话传给了杰斐逊，杰斐逊便请了一个彼此皆熟悉的朋友传话，让亚当斯也知道自己对他的深厚友情。后来，亚当斯回了一封信给他，两人从此开始了美国历史上最伟大的书信往来。

这个例子告诉我们，宽容是一种多么可贵的精神。

宽容意味着理解和通融，是融合人际关系的催化剂，是友谊之桥的紧固剂。宽容还能将敌意化解为友谊。

戴尔·卡耐基在电台上介绍《小妇人》的作者时心不在焉地说错了地理位置，其中一位听众就恨恨地写信来骂他，把他骂得体无完肤。

他当时真想回信告诉她："我的确把区域位置说错了，但从来没有见过像你这么粗鲁无礼的女人。"可他控制住了自己，没有向她回击，他鼓励自己将敌意化解为友谊。他自问："如果我是她的话，可能也会像她一样愤怒吗？"

他尽量站在她的立场上来思索这件事情。他打了个电话给她，再三向她承认错误并表示道歉。这位太太终于表示了对他的敬佩，希望能与他进一步深交。

宽容是解除疙瘩的最佳良药，宽广胸襟是交友的基础，宽容能使你赢得友谊。

第四章

高调做事 成就人生

做事要强调一个“高”字，要有高度的责任心、高效的执行力；要有高昂的志向、高远的目标、高涨的激情、高雅的格调、高超的水平、高强的技能；要做到高瞻远瞩、高屋建瓴、高歌猛进！正是这诸多高标准和高要求，才使人成就了事业的辉煌和人生的完美。

喷泉的高度不会超过它的源头

“喷泉的高度不会超过它的源头，一个人的成就绝不会超过他自己的理想。”因此，凡是要做大事的人，首先要立志高远，不要让小事琐事绊住自己，影响自己，束缚和毁掉远大前程。立志当立天下志，求名当求万世名。男儿志在四方，不应该畏畏缩缩安于现状，而要努力去闯出一番自己的事业来，扬名天下。

一位记者曾问一个西北贫困地区放牛的孩子：“你放牛做什么？”“挣钱。”“挣钱做什么？”“娶媳妇。”“娶媳妇做什么？”“生娃。”“生娃后再做什么？”“放牛。”另一个故事是：一个贫穷的农夫，领着两个孩子放牛，弟弟望着天上飞过的大雁说：“我们要是像大雁那样会飞就好了。”父亲说：“只要想飞，就能飞上天！”兄弟俩都来学大雁飞，当然都没有飞起来。父亲对他们说：“你们还小，将来经过努力，你们一定能飞起来！”后来，他们果然飞上了蓝天，他们就是美国的莱特兄弟。两个故事的主人公反差强烈的原因就是，他们的志向有着天壤之别。志向远大的人会产生出天赋神授一般的精神力量和旺盛斗志，失败与挫折、暂时的困境只能激发起他们潜在的巨大勇气，鼓励他们去克服困难，战胜自我，并最终取得成功。

美国总统林肯认为：“喷泉的高度不会超过它的源头，一个人的成就绝不会超过他自己的理想。”中国也有这样一句话：“取乎上，得乎中；取乎中，得乎下。”这就是说：假如目标定得很高，取乎上，往往会得乎中；而当你把目标定得很一般，很容易完成，取乎中，却反而会得乎下了。

任何事情在操作过程中往往都是要打折扣的，因此，人必须要有很高的志向，这是把事情办好的一个重要前提。几千年前的一天，在渭水北岸有位悠然垂钓的老人，一个马车上的人问他：“老先生钓到鱼了吗？”老人回答说：“什么有没有钓到？你问的未免太浅薄了，我是在想国家大事呀！钓一条小鱼就得意忘形，那只是小人的行径，而我要钓的鱼和他们的大不相同。”这样的回答让车上的人立马走下来，随即在老人的背后深深地鞠躬：“先生正是我梦寐以求的老师。”

车上人就是周文王，而钓鱼老人正是助周兴业的姜太公。凡夫俗子钓到一条小鱼就会得意忘形，好像已经称霸天下一样，总是摆脱不了小人的情趣。如果能像姜太公那样沉着冷静，志向高远，就是钓不了天下，也能收获成功的人生。

以能示其不能

对于一个伟大的人物或一个知名的企业来说，其志向、目标无疑都是远大的，但在你的创业过程中，在你还不如对手强大的时候，低调也许是你走向成功的最佳途径。

沃尔玛的创始人山姆?沃尔顿于1945年在小镇本顿威尔开始经营零售业，经过几十年的奋斗，终于建立起全球最大的零售业王国。山姆?沃尔顿曾经被《财富》杂志评为全美第一富豪，因其卓越的企业家精神而于1992年被布什总统授予“总统自由勋章”，这是美国公民的最高荣誉。沃尔玛是全美投资回报率最高的企业之一，其投资回报率为46%，即使在1991年经济不景气时期也达32%。虽然其历史并没有美国零售业中的百年老店西尔斯那么久远，但在短短的40多年时间里，沃尔玛就发展壮大成为全美乃至全世界最大的零售企业。

1991年，沃尔玛年销售额突破400亿美元，成为全球大型零售企业之一。据1994年5月《财富》杂志公布的全国服务行业分类排行榜称，沃尔玛在1993年的销售额高达673.4亿美元，比上一年增长118亿多，超过了1992年排名第一位的西尔斯，雄踞全国零售业榜首。1995年沃尔玛销售额持续增长，并创造了零售业的一项世界纪录，实现年销售额936亿美元，在《财富》杂志1995年美国最大企业排行榜上名列第四。2001年，沃尔玛一跃而成为《财富》500强排名的第二名。事实上，沃尔玛的年销售额相当于美国全国所有百货公司的总和，而且至今仍保持着强劲的发展势头。相比之下，中国北京、上海和广州的一些大型百货公司年销售额只有几十亿人民币，与沃尔玛相差之大，令人咋舌。如今沃尔玛店遍布美国、墨西哥、加拿大、波多黎各、巴西、阿根廷、南非、中国、印尼等国。

沃尔玛在短短几十年中有如此迅猛的发展，不能不说是零售业的一个奇迹。但是在其对外宣传中，沃尔玛却一贯保持低调和谨慎的优良作风。拿沃尔玛在中国拓展的例子来说即可窥见一斑。

与另一个进入中国的跨国零售业巨人家乐福大张旗鼓地迅猛扩张相

比，沃尔玛的中国征途几乎不动声色。沃尔玛犹如一位棋风稳健的围棋高手，谨慎布局，稳扎稳打。为了进入中国市场，沃尔玛曾作了长达六年的准备。早在1992年7月，沃尔玛就获得了中国国务院的批准，在香港设立办事处，专门从事中国市场的调查工作，包括中国的经济政策、官方支持、城市经济、国民收入、零售市场、消费水平、消费习惯等。这些都为沃尔玛在中国的发展奠定了坚实的基础。

深圳本来是成不了主战场的，因为沃尔玛最早希望进入的是华东地区的上海，在与合作者的谈判失败后沃尔玛才将中国总部移师深圳。1996年，沃尔玛在深圳开设第一家购物广场和山姆会员店，引起当地业界一片震动，“狼来了”的呼声不绝于耳。当时有十几家企业联手，希望政府干预。据有关人士透露，当时为避免树敌太多，沃尔玛尽量保持低调，甚至在开业前几次将商品价格上调。因此近几年，多数人看到的是一个并不十分可怕的沃尔玛，几乎和沃尔玛同时起步的万佳百货一直保持了广东省最大商业企业的头衔，但沃尔玛的真正实力如何，或许只有沃尔玛自己知道。

沃尔玛进军中国采用深圳单点进入然后全国铺开的方式，是一种适应当地环境的发展模式，虽然发展速度慢，但风险较低。沃尔玛曾经表示在深圳最多开15家店铺，自己在深圳市场便会处于饱和状态，因此，沃尔玛今后的发展重点是在深圳以外。可以想象，如果沃尔玛在深圳过于张扬，很容易引起其他城市零售企业的反感和警惕，在目标放在全国的情况下，沃尔玛的低调做法不能不说是明智的。

在深圳，多数人的印象中，沃尔玛一直在南方活动，而且在对外的宣传中，沃尔玛也保持一贯的低调和谨慎。进入中国的这几年中，沃尔玛把大部分时间都花在考察市场以及培训以后在中国发展的管理班子上。但在无声无息之间，沃尔玛编织一面撒向全国的巨网的动作从来没有停止，深圳之后是东莞、昆明、大连、福州、汕头，它悄悄地等待着时机。

一位深圳的政府官员估计，1999年沃尔玛在深圳的5家分店的收入达到了1亿美元。沃尔玛自己说，2000年，它在中国销售了价值超过40亿美元的商品。沃尔玛亚洲地区总裁乔伊?哈特菲尔德声称，在中国的分店是盈利的，尽管他不愿给出具体数字。在沃尔玛工作了26年的他说：“最艰难的工作已经完成，尽管这并不意味着今后的工作就简单了。”

从业态分布上来看，进入中国的前4年，沃尔玛只在深圳开了一家山姆会员店，而2000年则在中国东面和南面的福州和昆明连开两家山姆会员店。山姆会员店是仓储式会员制商店，大包装、低价位是其经营特色，服务对象以团体、大家庭、小店铺为主，沃尔玛在这方面的提速，个中深意不难理解。

有了前几年的铺垫，从2001年开始，沃尔玛的发展速度加快便不足为奇。再加上中国入世和北京申办奥运的成功，未来中国的商业环境无疑将更加开放。因此，在沃尔玛看来，扩张市场的时机已经成熟，这个时候沃尔玛到其他地方开店，也已经有足够的人才去管理。走出珠江三角洲，加快在中国布点的速度和范围，无疑是沃尔玛中国公司今后工作的重点。

凡成功者皆自明

具有“进攻性”，思想活跃，不满足现状，较少受习俗的束缚，勤于探索，渴望创新的人，最终人们将会从内心对他发出由衷的钦佩。相反，思想僵化，墨守成规，得过且过，安于现状的人，最终会被人厌弃的。

日本明治维新时，功臣之一的坂本龙马常和西乡隆盛长谈。坂本的谈话内容和观念每次都有一点改变，使西乡隆盛每次的感受也都不一样。于是，西乡就对他说：“你在前天我遇到你时所讲的内容和今天的不一样，所以你说的话，我有所存疑。你既然是天下驰名的志士，受到大家的尊敬，就应该有不变的信念才行。”

坂本龙马说：“不，绝对不是这样。孔子说过‘君子从时’。时间不停地流逝，社会形势也天天在变化，昨天的‘是’成为今天的‘非’乃是理所当然。我们‘从时’，便是行君子之道。”接着又说：“西乡先生，如果你对一个事物的认识一旦形成，就从头到尾保持不变，那么将来你一定会变成时代的落伍者。”

人世万物始终在替换更新，若以为真理是不变的，就不再活用变通，真理就等于死了一样。

如果每天只是翻来覆去，没有目标地过日子，人生就毫无意义了。倘若希望人生是繁荣、和平与幸福，生活就不应是如此单调反复。今天应该比昨天进步，明天应该比今天进步，也就是每天生命都要有所成长。

著名心理学家和心理治疗医生艾琳?都卡瑟拉在其《全力以赴——让

进取战胜迷茫》一书中讲了这样一个病例：在奥斯卡金像奖颁奖仪式次日的凌晨三时，她被奥斯卡奖获得者克劳斯从沉睡中唤醒，克劳斯进门后举着一尊奥斯卡奖的金像哭着说："我知道再也得不到这种成绩了，大家会发现我是不配得这个奖的，很快就会知道我是个冒牌的。"

克劳斯认为他所获得的成功"是由于碰巧赶上了好时间、好地方，有真正的能人在后边起了作用"的结果。他不相信自己获得奥斯卡奖是多年锻炼和勤奋工作的结果，尽管他的同事通过评选公认他在专业方面是最佳的，但他却不相信自己有什么出色和创新的地方。

卡瑟拉在治疗病人时还发现，有位国际知名的芭蕾女明星每过一段时间，就要在有演出的那天发一顿脾气，因为她从250双跳舞鞋中找不到一双合脚的；还有一位知名的歌剧演员，有时候一准备登台就觉得嗓子发堵；有一位著名运动员，他的后脊梁每过一段时间就会痛起来，影响他正常发挥竞技能力。

卡瑟拉认为，这些严重影响成功的症状是由于他们经受不住成功而引起的。

成功不但会引起上述心理障碍，有时还会给人带来自满自大的消极后果。

有人对43位诺贝尔奖获得者作了跟踪调查，发现这些人获奖前平均每年发表的论文数为五至九篇，获奖后则下降为四篇。

有的政治家取得一系列成功后，因过分自信而造成重大失误；有的作家写出一两篇佳作后，再无新作问世。这里的原因固然很多，但不能正确对待成功，不能说不是一个重要原因。

而只有那些不断超越成功的人，才能不断取得伟大的成功。牛顿把自己看做是在真理的海洋边拣贝壳的孩子；爱因斯坦取得的成绩越大，得到的称誉越多，他就越感到无知，他把自己所学的知识比做一个圆，圆越大，它与外界空白的接触面也就越大。

科学无止境，奋斗无止境，人类社会就是在不满足已有的成功中不断进步的。

著名律师威廉斯指出："我认为'成功'或者'胜利'这个词的定义是最大限度地发挥你的能力，包括你的体力、智力以及精神和感情的力量，而不论你做的是什么事情。如果做到了这一点，你就可以感到满足，我认为你便是个成功者了。”

如果说成功就是把能力最大限度地发挥出来，那么，成功是没有止境的，成功后你就不会停留在顶端，像快乐的机器人那样行动，而是在成功之后取得更大的成功。

爱因斯坦说：“如果有谁自己标榜为真理和知识的裁判官，他就会被神的笑声所覆灭。即使你已经取得了很大的成功，也决不能自满，千万不要生活在过去的荣耀之中。成功不是人生停留的归宿，也不允许昨天的成功影响今天的工作。生活在于不断地奔跑，不断地超越自己的事业，而不在于成功目标的实现。”

查斯特?菲尔德爵士指出：“真正伟大的人是绝不会停止成长的。”

19 世纪英国政治家、历任四届英国首相的格莱斯顿在 70 岁时还在学新的语言。

俾斯麦死时 83 岁，但他最伟大的工作是在他 70 岁以后才完成的。

16 世纪意大利的画家提善一直作画到 99 岁去世为止。

歌德是在他 83 岁去世的前几年才完成《浮士德》的，天文学家拉布兰在 79 岁去世前说：“我们知道的是有限的，我们不知道的是无限的。”你应该让自己成长，不断地成长，不论是精神、职业，还是人际关系上。

善就低者愈显其高

俗话说：“水往低处流，人往高处走。”的确，有谁不想干出一番事业，谋个好前程呢？但是，你在努力、奋斗、拼搏的过程中千万不要眼睛只向上翻，一路高歌，要小心别被路边的顽石绊倒，否则摔得生活不能自理，到那时还谈什么事业和理想？

曾有一个国王和他的朝臣们在一次冬季的狩猎中迷了路，走到了一个人迹罕至的地方。当夜晚来临之际，他们好不容易才发现一处农民的房子，于是国王说：“我们在这儿过夜吧。”

但是有位朝臣却极力反对，他认为尊贵的国王到农民家避难有失尊严，还是自己搭帐篷较为妥当。

农民知道了这种情形，就说：“国王的尊贵地位不会降低，只是朝臣不希望农民的地位提高。”

国王听了这句话觉得很有道理，就走进他的房子过夜，并在第二天早晨赐给他一些礼物。

离别前，农民陪着国王散步，恳切地说："接受了农民，国王的权力和伟大没有损失，但是当您这样一位国王遮住农民的头时，农民的帽檐却无法延伸到阳光下。"

一个大人物能够谦恭地礼贤下士，对所有的人一视同仁，不仅不会失去尊严，反而更显得坦荡和伟大。

有一个青年人，觉得自己怀才不遇而牢骚满腹，他对生活的不满和内心的不平衡一直在折磨着他。有一次，他乘同学敏家的渔船出海，才使他一下子茅塞顿开。

敏的父亲是一个老渔民，在海上打鱼二十多年，看他那从容不迫的样子，青年人心里十分敬佩。

青年人问他："伯伯，您每天捕多少鱼？"

他说："你不知道，孩子，捕多少鱼并不是最重要的，关键只要不是空手回来就可以了。在小敏上学的时候，为了供他读书，不能不想着多捕一点。现在小敏毕业了，又找到了饭碗，我也就不奢望捕多少了。"

青年人若有所思地看着远处的海，突然想听听老人对海的看法。他说："海是够伟大的，滋养了那么多生灵……"

老人说："那你知道海为什么那么伟大吗？"

青年人不敢贸然接茬儿。

老人接着说："海能装那么多水，关键是因为它位置最低。"

位置最低！

正是老人把位置放得很低，所以能从容不迫，能悟透世事沧桑。

正是海的位置最低，所以才笑纳百川，包罗万象。

是的，不妨放低自己，脚踏实地，站稳脚跟，然后再一步步登攀。正如一位哲人所言，想要达到最高处，必须从最低处开始。

用鹰样的眼光看世界，世界充满了起伏变化，它以不同的高差展现着各异的风景，又以大自然的平衡之手，着意营造了险峻处的美丽。这一哲理也结晶在一句唐诗里：

"欲穷千里目，更上一层楼。"

如果你很忧郁，工作中出现了烦心事，事业上遇到了障碍，何不去登山？从这山看那山，会使你在心中陡然升起一览众山小的感觉，你也会清晰地看到路在哪里，通向何方。“山中何所有，岭上多白云。只可自信悦，不堪持赠君。”那种空灵高峻之美，须得身经心历。山与你互相等待，却很可能一生中与之失之交臂，让你一辈子都矮在平原。

山峰入云也许尚不足于使人却步，最难的莫过于翻越自身惰性的屏障。在一座千万年山龄、千百仞身高的大山面前，以苍天的眼望去，人便缩成了蚂蚁，仿佛动与不动都失去了意义；倘若以蚂蚁的眼望去，人又是顶天立地的。高度决定了层次，层次决定了视域，视域决定了心境，这心境则又是一层精神的仁山智水。

这种高度，我们可以足不出户地从前人的书里发现。俯身字阶行梯，神游八方四极，你能看到大洋彼岸有个叫瓦特的人，正从姥姥的烧水壶里揣摩着蒸汽机；还能看到此山脚下300年前，一群如花似玉的女子在大观园内，如何红楼一梦历尽一个王朝的荣辱兴衰。

这种高度，我们还可以从人类文明、社会昌盛、科学进步中觅得，这时候个人往往会超越攀援的客体，也成为海拔的主体。达则兼济天下，穷则独善其身，那是杜甫亘古千秋的境界。沐底层风雨，则有“自非旷士怀，登兹翻百忧”的沉郁。

这种高度原来就坐落在你的内心，耸立在幼年的志向里，绵延在壮年的走向中，许多先天低矮、其貌不扬的人，因这攀登而气韵高雅、卓然不群，举手投足间荟萃了海拔数百米乃至数千米的高度。

人类和其他动物的最大区别就是人的目光始终是看着未来，人今天做的一切都是为了明天，人常说这样一句话：人无远虑，必有近忧。这是人在生活中的经验总结。

面对未来，就是要你明确自己的人生目的，你的一切行为都是为了实现你的目的。明确了这一点，你就不会为了一点小事而毁了自己的前程，你就知道你该怎样做好眼前的事情。

面对未来，就是要你防患于未然，提前做好防备，这样就可以使你躲过灾难，人类的诺亚方舟就是使人免于灾难的先例。

面对未来，会使你忘记正处于不幸，你的目光将使你看到未来的光明，你就会看到希望，你就会产生无穷的力量支持你去战胜不幸，战胜一切阻碍你走向成功的障碍。

面对未来，你心里就会升起无限的自豪，你会觉得自己是未来的主人,你的前途无量,你有可能成为你想成为的人。

人的梦想永远都在未来,人的希望也在未来,未来是你生命的寄托,也是你生命的归宿。

高手顾大局,谋大势,不以一时一地为重,以最终赢棋为目标;而低手则寸土必争,结果辛辛苦苦却屡犯错误,最终以失败告终。

做人亦是如此,既要能高瞻远瞩,又要能脚踏实地。许多人能把握眼前,能看到事情的本质,遇事从不畏缩。而另一些人则能预见到未来的各种可能性。遗憾的是,这两种能力人们一般只能得此失彼,而先知却能一身兼二。

积极地追求卓越

人生只有积极地追求与奋斗,其价值才会被肯定。

有一个非常著名的关于埃及的古老传说:有个开罗人,一天到晚想发财。日有所思,夜有所梦。有一夜,他梦见从水里冒出一人,此人浑身湿淋淋的,一张嘴就吐出一个金币。他对开罗人说:"你想发财吗?有成千上万的金币在等着你呢!"开罗人急着问:"在哪里,在哪里?我当然想发财了,我想得快发疯了。"

"好!"那吐金币的人说,"想发财,你就去伊斯法罕,只有到那里才能找到金币。"说完他就不见了。开罗人醒来之后,辗转反侧,再也睡不着,"天哪,伊斯法罕远在波斯啊!我到底去不去呢?去,我必须穿越阿拉伯半岛,经波斯湾,再攀上扎格甸斯山,才到得了那山巅之城。而我很可能累死在半路上。"开罗人想,"但是不去,我这辈子大概就发不了财了。"

去,他不见得一定能发财,谁能相信梦里的事?但是不去,他必定会悔恨。

经过几天内心的挣扎,开罗人还是决定冒险,而且他决定只身前往。

千山万水我独行。开罗人千里跋涉,历经了许多艰难险阻,终于风尘仆仆地到达了"山巅之城"伊斯法罕。

天哪!伊斯法罕不但穷困,而且正闹土匪,开罗人随身带的一点值钱的东西都被土匪抢走了。

当地的治安人员总算把土匪赶跑，他们发现奄奄一息的开罗人，便喂他东西吃，给他水喝，终于把开罗人救活。

“听口音，你不是本地人。”治安负责人说。

“我从开罗来。”

“什么？开罗？你从那么远、那么富有的城市到我们这鸟不生蛋的伊斯法罕来干什么？”

“因为我梦见神对我启示，到这里来可以找到成千上万的金币。”开罗人坦白地说。

治安负责人大笑了起来：“笑死我了，我还常做梦，梦见自己在开罗有座房子，房子后面有七棵无花果树和一个日晷，日晷旁边有个水池，池底藏着好多金币呢！真是胡说八道，快滚回你的开罗吧，别到伊斯法罕来说梦话了！”

开罗人衣衫褴褛，一无所有地回到了开罗，邻居看到他的可怜相，都笑疯了。

但是，回家没几天，他就成了开罗最有钱的人。

因为那治安负责人说的七棵无花果树和水池，正是他家的后院。

他在水池底下，挖出了成千上万的金币。

开罗人有没有白去伊斯法罕？

当然没有。虽然金币就在他自己家里，但是他不去，他就不会知道。

我们的一生不也像这样吗？许多有意义的事情，我们也想着去做，但只因为要克服一些困难，就使得我们望而却步，而“人生一转眼就过去了”。

我们的一生好像四季，也仿佛一天，春天与秋天同样是太阳移到赤道的位置；日出与日落同样是太阳位于地平线的地方。

问题是，秋天毕竟不是春天，日落毕竟不是日出。

难道人们就因为自己总有一天会死，就因为知道自己总有一天会看开一切，就在自己有精力做事时而不努力追求，就干脆留在开罗，不去伊斯法罕了吗？

没有春华夏荣，怎么会有秋天的丰收？

没有那一生的奔波、历练，怎能得到生命的启示？

如果没有治安负责人的一番话，开罗人如何知道财富居然就在自己的后院？

我们每个健康人都有想做事、做好事的欲望和冲动。所以我们要把握这冲力，把握这浪漫，多看多学，以不辜负上天赐给我们的青春。我们要做骆驼，超越与生俱来的惰性，忍着不吃、不眠、不懈怠，向自己的目标迈进。

属于我们这一代的东西，必然是承先启后，是“为往圣继绝学，为万世开太平”，是站在古人的肩上高瞻远瞩，而不是顶着古人的头颅作为标榜。

“承先”是我们学到的传统，“启后”是我们开启的创造。只会守成、师古的人，再成功都算不得狮子，只称得上是会吃苦的骆驼。

由于医学的进步，20世纪初平均50岁的寿命，今天已经延长到近80岁，再过几十年，更可能增加到100多岁。因此，过去几千年古圣先贤们思考的模式和价值观都可能得改变了。过去50岁的人已是“半百老翁”，而今天50岁的我们却可能正处于创业巅峰期，而且正要走下这个山头，去攀登另一个山头。

生命最重要的就是“把握当下”，因为一切古往今来，都是由“当下这一瞬间”累积的，不把握当下，就不能创造永恒。

人生是要积极追求与奋斗，才能被肯定的。我们的一生都在追求，追求生命的真理，追求我们自己的定位。从“昨夜西风凋碧树”，“独上高楼”的那一刻，由“望尽天涯路”到“走向天涯路”，我们都在追求，我们为理想“衣带渐宽终不悔”。

以屈全身，以伸展翅

“大丈夫能屈能伸”，这是一条经千古锤炼而锻造出的古训，多少风云人物、英雄豪杰都因善屈善伸而叱咤风云，所向披靡。洪应明在《菜根谭》中说：“处世让一步为高，退步即进步的根本；路行窄处，留一步让人行；滋味浓的，减三分让人食。此是涉世之安乐法。”洪应明是从明哲保身、全身远祸的角度谈退让的必要性的。一个人涉身处世，只一味争夺，不知退让，是不具备成就大事的基本条件的。

一个真正想成就一番事业的人，志在高远，不以一时一事的顺利或阻碍为念，也不会为一时的成败所困扰。面对挫折，必然会发愤图强，艰苦奋斗，去实现自己的理想，成就功业，这是一种积极的人生态度。困难正是磨炼意志的最好时机，只有经受了困难挫折考验的人，才具备成大事的气度。

回首中国千年历史，总结帝王将相几多兴衰成败，不难得出："能屈能伸"是大丈夫立志成业的精髓要义，是博大精深、包罗万象的大哲理、大智慧。立大志，需以"屈"处世；成大业，要靠"伸"显才。

《周易》中有"天行健，君子以自强不息"的话，意思是说天道运行强健不息，君子也应该积极奋发向上、永不停息才对。

面对挫折、打击、磨难，应该沉着应对，不能被这些困难所压倒，更不可由此沉沦。只要奋勇拼搏，就还有东山再起的可能。

范雎是战国时魏国的著名策士。他擅长辩论，多谋善断，而且胸怀大志，有意开拓一番事业。但是他出身寒微，无人替他向最高权力阶层引荐，不得已只能先在魏国中大夫须贾的府中做事。

一次，须贾奉魏王之命出使齐国，范雎作为随从一同前往。齐国国君齐襄王早已知道范雎有雄辩之才，因此，范雎到了齐国后，齐襄王便差人携金十斤及美酒赠与范雎，以表示他对智士的敬意。范雎对此深表谢意，却未敢接受齐襄王的赠礼。想不到这还是招来了须贾的怀疑，须贾执意认为，齐襄王送礼给范雎，是因为他出卖了魏国的机密。

须贾回国之后，将"范雎受金"的事上告给魏国的相国魏齐。魏齐不辨真假，也不作调查，便动大刑惩罚范雎，范雎在重刑之下，肋骨被打断，牙齿脱落。他蒙冤受屈，申辩不得，只好装死以求免祸。范雎已"死"，魏齐让人用一张破席卷起他的"尸体"，放在厕所之中，然后指使宴会上的宾客，相继便溺加以糟蹋，并说这是警告大家以后不得卖国求荣。

范雎平白无故地受了这么一场肌肤之苦和奇耻大辱，效命魏国的一腔热忱化作了灰烬。他决计离开魏国，另谋一处显身扬名的地方。范雎买通厕所的守者，将他放了出去。

范雎忍辱求全、隐身民间的时候，秦国一个叫王稽的使节来到魏国。王稽私下带着范雎归秦。入秦后，他充分施展辩才游说秦昭王，最终取得信任。秦昭王采用范雎的谋略，对内加强了秦国的中央集权，对外使用远交近攻的霸业方略，使秦国对各国的控制再度加强。秦昭王因此任命范雎为秦国相，封为应侯。

中国有句古语："人要脸，树要皮。"可你想想，如果连事业都不能保障，连生命都受到威胁，那么还要面子有何用？

学会取舍，实际上就是学会生活。人的一生就如一条大河，不可能一直向前，直通大海，必然要根据地势、地貌，弯弯曲曲，七拐八扭。

人生也是如此，一般来说，当人处于逆境时就应该委曲求全，收起锋芒。这就是屈的功能，只有以屈求伸，等待时机，才能再创生命的辉煌。

古人说："小不忍，则乱大谋。"每个人都应该有自己的人生目标和理想，为了达到这些目标和理想，寂寞、白眼，甚至被社会、被亲人误解，都应该在所不惜。

桂冠也属于他们

在当今世界上，任何一项光彩荣耀的桂冠都不可能是一个人打造出来的，但多数时候，它只被戴在一个人的头上，其他的打造者只好成为无名英雄了，这样的事例不免让人遗憾，但它绝不会隐没无名英雄的光辉，当人们了解他的时候，会更加崇敬他。

1938 年，美国"五星"上将马歇尔在担任陆军部副部长期间，就已经觉察到了法西斯德国的扩张野心。他深深知道，纳粹德国并不满足于将战线推向东欧，他们的最终目的是将战争推向整个欧洲乃至整个世界。倘若战争真的打起来，美国拿什么打仗呢？美国那时的海军装备不错，而陆军的情况糟透了。不谈装备，就拿军费来说，每年国会拨给陆军的军费还不够全国各陆军营房通排水沟之用。如此吝啬的军费，陆军根本谈不上发展，连自身都难保。马歇尔为此忧心忡忡，他认为，只有采取以下措施才能确保无虞：必须通过一项重整军备的拨款计划；必须大刀阔斧地将一些工厂转为军工企业，为军队生产数以万计的大炮和数以百万计的枪支、弹药；必须大张旗鼓招募新兵，彻底改变军队兵员严重不足的现状。马歇尔的这些主张遭到了当时奉行孤立主义的国会议员们的抵制和斥责，从而未能付诸实践。

1939 年 9 月，第二次世界大战爆发，与此同时马歇尔被任命为陆军参谋长。在此期间，马歇尔竭力劝说总统和国会扩军备战，他花费大量时间让美国的公众、国会和总统注意到，美国的军事力量十分薄弱，不足以抵抗纳粹德国的进攻；在世界大战已经爆发的紧急情况下，只有实施紧急措施，从兵员和装备两方面扩军才能使美国得到必需的防卫力量。为了达到这一目标必须用6.75亿美元。有了这一经费，马歇尔认为就可以组建一支28万人的陆军和25万经过重新装备的国民警卫队。这对于和平备战的国家来说是必不可少的，也是不过分的。但是这一计划却得不到国会任何一个党派和领导人的支持，更有甚者认为马歇尔是战争贩子，这使马歇尔十分恼火，却又无可奈何。

但是，马歇尔并没有放弃实施此计划的努力，他决定和财政部长亨利·摩根一道前往白宫，请求总统罗斯福对此项扩军计划予以必要的授权和批准。

马歇尔以平静的语气阐述了国际形势对美国的不利状况以及美国国内防守力量的现状，他谈到了欧洲战争以及日本对美国的敌意和威胁，明晰而具体地指出美国军队在兵员、武器及士气方面的糟糕状况。马歇尔越讲越激动，语气变得越来越激昂，他的一番有力的、有节有据的话语最后终于说服了罗斯福。不久，马歇尔这个计划就获国会通过，在此之后，美国开始走上了大规模扩军备战的道路，为反击法西斯日本与德国的进攻做好了充分的准备。

谈到第二次世界大战，我们会记起三个巨人：罗斯福、斯大林、丘吉尔，会记起许多驰骋疆场的名将：艾森豪威尔、巴顿、蒙哥马利、尼米兹，但人们往往会忘记那些在战场后方出谋划策，从事准备、收尾、后勤等工作的将军们，其实恰恰是他们奠定了胜利的基础，马歇尔将军就是这样一位战场后方的指挥者、参谋者。他在美国国内建设兵工厂、造船厂，为美国前线士兵输送了充足的、完备的武器；他在国内进行全民动员，为战争输送了大量兵员；他帮助罗斯福策划了无数次大大小小的战役。他在第二次世界大战所做的一切，最终为盟军的胜利奠定了基础。

1943年，世界反法西斯战争出现转机，同盟国决心在1944年组织远征军发动“霸王行动”。“盟国远征军最高统帅”由谁出任为全世界所关注，人们把目光投向了马歇尔。然而，美国总统罗斯福却为此事大伤脑筋。从感情上讲，如果不给马歇尔一个亲临前线统兵作战的机会就太不公平了。

1943年马上就过去了，罗斯福必须作出决定。12月的一天，他单刀直入地问马歇尔：“乔治，你愿意指挥‘霸王行动’还是愿意继续担任陆军参谋长？我将完全尊重你本人的意见。”“总统先生，这个问题应由您来决定，不管您任命我担任什么职务，我都同样乐意。”“我仔细考虑了这个问题，决定让你继续担任陆军参谋长，由艾森豪威尔指挥‘霸王行动’。”马歇尔毫无表情地接受了总统的决定。决定一经宣布，陆军部长史汀生惊呆了，因为只有他知道，做了一辈子参谋军官的马歇尔“珍藏在内心深处高于一切的秘密愿望，就是指挥盟国远征军”。当时只要马歇尔向总统稍微暗示一下，其愿望便能得到满足。然而，为了国家利益，马歇尔没有这样做。

一个以国事为重者的胸襟是什么都容得下的。

对成功要有种渴望

没有人不想成功，但是，每个人对成功的渴望程度却是有差别的，正是这种差别造成了结果的不同。松下幸之助曾经这样说：“如果你想成功，那么不管做什么事都一样，最重要的就是要有想去完成那件事的强烈欲望。如果心里一直想着不完成它决不罢休，事情就可以说是已成功了一半。有了这种积极的成功欲望，就一定能想出完成这件事的手段或方法来。”

这段话道出了一个亘古不变的成功法则：强烈的需求心从来都是推动人们成就事业的巨大力量。

松下先生还说过这样的话：“松下电器公司之所以能成功地培育出杰出的人才，最主要的原因就是经营者本身有这种强烈的欲望。”实际上，支撑人类生存和发展的一个重要因素就是欲望。只有那些拥有欲望的人，才会产生不断奋斗的勇气和决心。然而，仅仅拥有一般的欲望是不够的，要成功就必须拥有和保持强烈的成功欲望。比如说，如果你真的十分强烈地希望拥有财富，那么你就应该首先在内心具有发财致富的欲望，进而使这种欲望变成充满你大脑的念头。这样做的目的是要使你渴望财富，并且确实下定决心要得到它，最后你将可以使自己相信必然会拥有它。

有位叫安东尼的成功学者曾经问过这样一个问题：如果你是一个业务员，那么，对你来说是赚 1 万元容易，还是赚 10 万元容易呢？

他给出的答案是：赚 10 万元比赚 1 万元更容易。为什么呢？因为倘若你的财富目标只是赚 1 万元的话，那么你的打算不过是仅仅能够糊口就成了。假使这就是你的财富目标与你工作的原因，那么请问：你自己工作的时候还会兴奋有劲吗？你还会热情洋溢吗？

人的欲望具有某种神奇的作用。下面这个“起死回生”的故事，可以帮助你更好地理解这一点。有一个病人，实际上病得很严重。然而，他并没有及时去医院治疗，因为他自我感觉病得好像不是很严重，只是有一些不舒服而已。当他去医院看医生时，医生经过诊断，发现他得了一种绝症，必须立即转到一个条件非常好的医院去治疗。不过，他当时没有接受医生的建议。

随着时间的推移，这个人的病势越来越严重，最后不得不被亲人送到医院去动手术。手术前，医生告诉他的家人，他生存的机会极为微小。但是，这仅仅是医生的意见而已，并不是那位病人自己的意见。

就在被医生推走的那一刻，这个病人以微弱的声音对他的亲人说：“放心吧，我在这儿住几天就会出去的！”在旁边照顾他的护士也以同情的眼光看着他的亲人，因为这种希望是极为渺茫的。

可是，这个病人最后真的平安地渡过了死亡关。这一切过后，为他动手术的医生说了这样一句话：“那是他自己强烈的求生欲望拯救了他。如果不是内心里拒绝接受死亡之神的召唤，他是过不了这一关的。”

从这个故事可以看出，强烈的欲望的确是一种无比神奇的力量。凭借这种神奇而又不可测的强大力量，人们就会对“某些事物”产生非同一般的认识和理解。在强烈欲望的驱使下，人绝不会承认“不可能”这三个字眼，也绝不会把失败当做一个事实来接受。

这种力量可以使出身微贱的人爬到财富的巅峰，使接近死亡的病人起死回生，使失败了很多次的人又东山再起。这样的事例，我们还可以举出许多。舒曼?汉克夫人由一位天赋不佳的女士而变为一个成就非凡的歌唱家的经历，就是又一个有力的明证。

在事业刚刚开始时，舒曼?汉克夫人曾经去拜会过维也纳宫廷歌剧团的乐队总指挥，让他评价她的歌唱功底和潜力。

可是，这个指挥不但拒绝了她的请求，而且还很不客气地对她说道：“凭你这张极普通的脸和全无性格的模样，你是完全不可能在歌剧中获得成功的！好孩子，你还是死了这条心吧！你还不如回去买一架缝纫机，去开始你的谋生工作。你是永远不可能成为一名歌唱家的！”

但出人意料的是，舒曼·汉克夫人最后却成功了。她在一种强烈欲望的推动下，终于成为一位成就非凡的歌唱家。

尽管那位维也纳宫廷歌剧团的乐队总指挥知道许多歌唱的技巧，但是他却不知道由强烈的欲望而产生的那股力量究竟有多大。如果他对这种力量稍微有些了解的话，也许就不会犯下一个不给他人机会就非常轻率地加以斥责的错误了。

永不言弃

不管做什么事，只要放弃了就没有成功的机会；只要不放弃，就会一直拥有成功的希望。

如果你有90%想要成功的欲望，却有10%想要放弃的念头，这样也是没有办法成功的。人们经常在做了90%的工作后，放弃了最后让他们成功的10%，这不但输掉了开始的投资，更丧失了经过最后辛苦的努力而发现宝藏的喜悦。

一个先天聋哑的小孩最终能够听见这个世界的声音的故事证明了这一点。这个耳聋的小男孩一级一级地上升，从小学到初中，从初中到高中，又从高中到大学，他几乎听不见老师上课所说的话，除非老师在他面前大声喊叫。

但是，他没有进入专门的聋哑学校，他的父母也不让他学习哑语，因为他们想让儿子过一个正常人的生活，和正常的孩子交友。他的父母从他一出生的时候就一直坚持着这个想法，虽然因为这件事情他们曾经多次与学校发生过激烈的争辩。

他在读高中的时候，曾经试用过电子助听器，但是对他没有什么帮助。直到他在大学学习将近结束的最后几个星期，发生了一件比较奇特的事，这件事成为他一生中最为重要的一个转折点。

他在一个非常偶然的机会里，得到了另一个牌子的电子助听器，当然刚开始他对这台电子助听器并不是很热衷，因为类似的东西曾使他失望过。但是他后来还是拿起了这台电子助听器，很随意地套在自己的头上，并且把电池安装好。

然而，事实与他自己所想象的恰好相反。他带上之后，好像魔术似的，它把他一生渴望获得与正常人一样的听觉愿望变得实实在在！在他的一生中,他的听觉第一次几乎和正常人完全一样。

这个助听器改变了他的整个人生世界,欣喜之余,他飞快地跑到电话机前,把这个令人兴奋的消息告诉他的母亲。在以后的日子里,他借助电子助听器能够清楚地听到讲课老师们的声音,这可是他生命中的第一次!生平中第一次能够与他人进行自由交谈,而不需要他人大声说话。于是,他的世界因此而改变了许多。

他为刚刚发现的声音世界而陶醉在快乐中,他觉得应该写一封感谢信给电子助听器的制造商。他在给制造商的信中十分欣喜地讲述了自己切身的体验。他那封热情洋溢的信十分感染人,最后那家公司邀请他到公司的总部所在地纽约去。到纽约之后,有专家陪伴着他,让他参观整个工厂。

这时一个念头,或者可以说是一种灵感闪过他的心头:如果他能找到一种方法,将自己所获得的新世界的故事,讲给那些得不到助听器帮助的众多耳聋的人们听,也许能够对他们有所帮助。正是这个想法的冲动使得他将自己的天生缺陷转化为资产,获得了一笔数目不小的财富,而且又给许许多多的人带去了快乐。

他整整花了几个月的时间,进行了积极的专业性研究。在这期间,他分析了这家电子助听器制造商的整个市场推销制度,而且设计了一个与全世界各地耳聋的人们能够自由通信的方法。这件工作完成后,他依据自己的发现,草拟了一个两年计划。当他将计划向公司提出时,马上获得了一份出人意料的工作,使得他能够真正实现他的抱负。

一个突然闪现的念头,很可能就是一个崇高的志向,就可能成为人生的引路灯塔。把握这个念头,努力去实现它,人生的价值就会超额地实现。

勇于尝试,敢于冒险

有这样一句话:历史的道路不是大街上的人行道,它完全是在田野中前进的,有时穿过尘埃,有时穿过泥泞,有时横渡沼泽,有时行经丛林。

生活只有在平淡无味的人看来才是空虚而无味的。

1990 年, 在温布尔登举行的网球锦标赛女子组半决赛中,16 岁的前南斯拉夫选手塞莱丝与美国女选手津娜?加里森对垒。随着比赛的进行,人们越来越清楚地发现，塞莱丝的最大对手并非加里森，而是她自己。赛后，塞莱丝垂头丧气地说：“这场比赛中双方的实力太接近了，因此，我总是力求稳扎稳打，只打安全球，而不敢轻易向对方进攻，甚至在加里森第二次发球时，我还是不敢扣球求胜。”

而加里森却恰恰相反，她并不只打安全球。“我暗下决心，鼓励自己要敢于险中求胜，绝不能优柔寡断，犹豫不决。”津娜?加里森赛后谈道，“即使是失了球，我至少也知道自己是尽了力的。”结果，加里森在比赛中先是领先，继而胜了第一局，后来又胜了一局，最终赢得全场比赛。

当遇到严峻形势时，人们习惯的做法是小心谨慎，保全自己。而结果呢？他们不是考虑怎样发挥自己的潜力，而是把注意力集中在怎样才能缩小自己的损失上。正像塞莱丝的经历一样，这种人的结果大都会以失败而告终，错过胜利的机会。

生活中常有这样的现象：同样一件事，因为存在一定的风险，甲经过细算，认为有60%的把握，便抢占时机，先下手为强，因而取胜。乙在谋划时过于保守，认为必须有90%甚至100%的把握才下手，结果坐失良机。

任何领域的领袖人物，他们之所以能够成为顶尖人物，正是由于他们勇于面对风险。对此美国传奇式人物、拳击教练达马托曾经一语道破：“英雄和懦夫都会恐惧，但英雄和懦夫对恐惧的反应却大相径庭。”

年龄大一些的人，他们似乎什么世面都见过，因此总对我们讲一些不可做这不可做那的理由。我们刚产生了一个好主意，一句话还没说完，他就像消防队员灭火般地向你泼冷水。这种人总能记起过去某时曾有某个人也产生过类似想法，结果惨遭失败，他们总是极力劝你不要浪费时间和精力，以免自寻烦恼。

美国一家大印刷公司的经理曾回忆起他与自己公司一位会计的一次谈话，这位会计的理想是要成为他公司的审计长，或者创办她自己的公司。虽然她连中学都没毕业，但她却毫不畏惧。可随之而来的却是公司经理提醒她：“你的会计能力不错，这一点我承认，但你应该根据自己的受教育程度，把目标定得更加切合实际些。”经理的话使她大为恼火，于是，她毅然辞职追寻自己的理想去了。后来她成立了一个会计服务社，专门为那些小公司和新移民提供服务。现在，她在加州的会计服务社已发展到了五个办事处。其实，我们谁也不知道别人的能力限度到底有多大，尤其是在他们怀有激情和理想，并且能够在困难和障碍面前不屈不挠时，他们的能力限度就更难预测了。

无论做什么事情，开始时最为重要的是不要让那些总爱唱反调的人破坏了我们的理想。这世界上爱唱反调的人真是太多了，他们随时随地都可能列举出千条理由，来说明我们的理想不可能实现。我们一定要坚定立场，相信自己的能力，努力实现自己的理想。

但是，当我们从事某项新事务时，失误便会伴随而来。无论是作家、销售人员还是运动员，只要我们不断向自己提出挑战，就难免出现失误的风险。

吉姆·伯克晋升为美国翰森公司新产品部主任后的第一件事，就是要开发研制一种供儿童使用的胸部按摩器。然而，这种产品的试制失败了，伯克心想这下可能要被老板炒鱿鱼了。伯克被召去见公司的总裁，然而，他受到了意想不到的接待。“你就是那位让我的公司赔了大钱的人吗？”总裁问道，“好，我倒要向你表示祝贺，你能犯错误，说明你勇于冒险。而如果你缺乏这种精神，我们的公司就不会有发展了。”数年之后，伯克本人成了翰森公司的总经理，他仍牢记着前总裁的这句话。

勇于冒险求胜，我们就能比我们想象的做得更多更好。在勇冒风险的过程中，我们就能使自己的平淡生活变成激动人心的探险经历，这种经历会不断地向我们提出挑战，不断地奖赏我们，也会不断地使我们恢复活力。

香港商人陈玉书在他的自传《商旅生涯不是梦》里指出：“致富秘诀在于大胆创新，眼光独到。比如说，地产市场我看好，别人看坏，事实证明是好，我就能发大财；反之，我看好，别人看坏，事实证明是坏，我便要受大损失，甚至破产；如果大家都看好，我也看好，事实证明是对了，则也仅仅能糊口而已。”

精明的人能估算出冒险的系数有多大，同时做好应付风险的准备，因而可以胜算。世界的改变、生意的成功常常属于那些敢于抓住时机适度冒险的人。有些人很聪明，对不测因素和风险看得太清楚了，不敢冒一点险，结果聪明反被聪明误，永远只能平庸而已。实际上，如果能从风险的转化和准备上进行谋划，则风险并不可怕。

生命运动从本质上说就是一种探险，如果不是主动地迎接风险的挑战,便是被动地等待风险的降临。

有限度地承担风险,无非带来两种结果:成功或失败。如果我们获得成功,我们可以提升至新领域,这显然是一种成长;就算我们失败了,我们也很快可以清楚为什么做错了,学会以后该避免怎么做,这也是一种成长。

事实上,鼓励尝试风险的社会环境,有助于培养个人不满足于现状、勇于进取的精神,也有利于提高个人对市场变动的敏锐感。一个人在冒险并盘算着该做什么时,往往成长最快。一位专家指出:人类在长期的历史过程中,学到了很多智慧,也拥有了很多智慧,这给人以更大冒险的可能性。但是,即使有可能性,也不能断定所有的人都敢于冒险。

要敢于冒险,敢于尝试。只有这样,才会创造并把握住更多的机会。

做人就其低,做事就其高

在市场上,“顾客至上”四个字几乎是家家供奉的牌位。

“顾客至上”,延伸它的寓意,无外乎就是商家为“下”了。在我国,“顾客至上”的思想似乎很早就已经建立了,也一直是许多商家叫得最响的口号。但是,对于广大普通消费者来说,他们并未真正感受到“高高在上”的滋味。

比喻得形象一点,商家就像是个大户人家,“顾客至上”就像是个名贵花瓶。大户人家都需要花瓶来点缀一下,既能够夸夸富,同时又能够提升一下自己实际上并不具有的品位,花瓶的用处也就在此了。于是乎,诸多消费者总有一种被欺骗的感觉。

但是,思科公司却真真切切做到了这一点。在思科公司,上至总裁钱伯斯本人,下至每一位员工,都清楚地意识到客户的意义,这在很大程度上是首席执行官约翰?钱伯斯的功劳。因为“顾客至上”在钱伯斯看来并不是一句空话,而是他从以往失败的惨痛经历中切切实实得出的教训。钱伯斯说:“如果我发现哪一个员工敢把客户看成是负担或难题,我就要‘扼死’他,那是我们思科公司不能接受的。”

加入思科公司之前,钱伯斯曾经在 IBM 干了 6 年,随后又在王安公司干了 8 年。在这 14 年的时间里,钱伯斯似乎并没有什么精彩的表现,今天能够让人记住的好像也只有在王安公司裁员的五大手笔——一件让钱伯斯一想起来就有切肤之痛、感到深深内疚的事情。

曾经有一位财经记者，在钱伯斯刚刚接任思科公司首席执行官一职后不久，对他做了一次专访，这位记者毫不客气地问了钱伯斯一个极其尖锐的问题："钱伯斯先生，在我采访过的企业界高层管理人员中，你曾经的业绩是最臭不可闻的，你有什么资本可以炫耀，可以让人们信服你不会将思科带上死亡之路？"

钱伯斯听到这么直接的问题，一点儿也不生气："你的问题问得真棒。在我接任思科首席执行官一职前，我也曾经问过自己相同的问题，并且认真地反思过自己在加入思科前15年里的所作所为。想一想，只有一个词能够概括这十几年，那就是'失败'，而且是极大的失败。"钱伯斯生性很是直爽，他丝毫没有回避这一问题，而是直来直去地作出了回答。

"但是，失败就是我可以'炫耀'的最大资本，是我的无价之宝。你觉得奇怪，是吗？"

现已走向辉煌的钱伯斯英俊的脸庞上整天都挂着和蔼而迷人的微笑，全无一点成功后的傲气，你要想触怒性格随和的钱伯斯，那可不是一件容易的事情，除非你和顾客吵起来。

思科现任高级副总裁兼首席信息官苏维克与钱伯斯已经并肩战斗长达八年之久，可是几乎没有见过钱伯斯发火。

"噢，不，我还是见过一次的。"苏维克紧皱着眉头，使劲地回忆道，"那还是在他刚刚担任公司首席执行官后不久。"

"有一天，一个客户把投诉电话径直打到约翰的办公室。你知道的，约翰将他办公室的电话号码告诉了每一个客户。客户抱怨说，他在思科新产品展示会上看到了一套新款的线缆调制解调器，觉得非常有兴趣，想要购买。他向思科的工作人员咨询解调器的具体情况，可这位工作人员极没有耐心，刚回答了几个问题就把他晾在一边。

"这位愤愤不平的顾客记住了员工胸卡上的工号和姓名，便马上打通了约翰的电话，来投诉自己受到的怠慢。约翰听后勃然大怒，直接将这位被投诉的员工找来……

"好家伙，我从来没有见过约翰发那么大的脾气，真的，把我都吓坏了。告诉你吧，如果哪位员工想让钱伯斯生气，我只是说如果的话，那就与顾客吵架吧！当然，我想也没有谁愿意以身试法吧。而且即使钱伯斯发火的话，他也想知道如何才能够解决问题。”

其实，这件事并没有到此为止。第二天，那位被怠慢的客户接到了钱伯斯打来的电话，电话里，钱伯斯真诚地向他道了歉，并且向他通报了那位没有尽到职责的员工受到的惩罚。钱伯斯将这视为思科公司的耻辱，他发誓绝对不允许此类事件再次发生。

“重视客户！帮助他们成功！”这是钱伯斯为全体员工制定的工作原则，而且他以身作则。上行下效，在思科公司，处理客户的问题甚至比思科的内部会议还要重要。在资深主管会议上，如果某位客户碰到问题，相关主管必须离席去帮忙解决。

1995 年，钱伯斯参加就任首席执行官后的第一次董事会议，定好的时间是下午 3 时，但是董事们左等右等就是不见钱伯斯的踪影。大家一直等到 3 点半，才见到姗姗来迟的钱伯斯。推门而进的钱伯斯连声“对不起”，马上对董事们做解释。

原来是一位愤怒的客户在打给钱伯斯的电话中大发雷霆，要求思科公司给他赔偿，并且还要对思科进行投诉。钱伯斯花了好半天的时间才平息了这位顾客的怒火，初步弄清这位顾客是在抱怨思科的产品设计有缺陷，和他的电脑不兼容，致使他的电脑不能使用。

怎么会这样呢？

钱伯斯仔细地询问了一些具体情况，终于找到了问题所在。其实不关思科的事，问题出在顾客自己身上，是顾客使用产品的方法不当。钱伯斯给这位顾客指导了一番，问题就轻易解决了。

这位易怒的客户觉得很不好意思，为了这么一点儿小事还将堂堂思科公司的首席执行官劳烦了一通，忙不迭地又是道歉又是道谢。钱伯斯告诉他不用如此客气，任何一位思科的员工都应该这样做的，这是每一位思科员工的分内之事。

等钱伯斯把事情办完赶过来开会时，已经迟到了半个小时，他希望大家能够理解和原谅。董事们听完钱伯斯的解释，感到非常满意。一位董事还趁机开玩笑地说道：“约翰，你以后无论什么时候迟到，不妨再使用这一借口，大家就不会责怪你了。”在场的人听后，也大笑起来。

正是靠着高调做事的大气度，钱伯斯将思科举到了巅峰，又靠这个经营理念把思科推向了事业发展的辉煌。

做高尚的事，做正直的人

同样是人，但为人的意义有不同。有的人一生中从不讲奉献，只是在不得已的情况下做一些微薄的事情，而且他还要抱怨，直到捞回他为所做的那一点付出的代价为止。而有的人则不同，他生活在社会中，想的、做的是为社会、为他人，即使他从事着比常人更多的工作，占据着比常人更尊贵的职位，也从不炫耀，从不凌驾于别人之上，这样的人才是真正有品位的人。

瑞典首相帕尔梅在16岁时提前一年毕业于瑞典一家名牌私立学校，同年应征入伍，退役时成为后备役骑兵中尉。随后他获美国俄亥俄州凯尼思学院奖学金，赴美国主修政治、经济、文学等课程，1948年获文学学士学位。三年后，他在斯德哥尔摩大学又获法律硕士学位。

帕尔梅首相在瑞典是十分受人尊敬的领导人。他虽贵为政府首相，但仍住在平民公寓里。他平易近人，生活十分简朴，与平民百姓毫无二致。帕尔梅的信条是："我是人民的一员。"

除了正式出访或特别重要的国务活动外，帕尔梅去国内外参加会议、访问、视察和私人活动，一向很少带随行人员和保卫人员。

只是在参加重要国务活动时，才乘坐防弹汽车，并有两名警察保护。

有一次他去美国参加一个国际会议，人们发现他竟独自一人乘出租车去机场。

1984年3月，他去维也纳参加奥地利社会党代表大会，也是独自前往的。

当他走入会场时，没有人注意到他，直到他在插有瑞典国旗的座位上坐下来，人们才发现他，都啧啧称赞不已。

同普通群众打成一片是帕尔梅为人的重要特点。帕尔梅从家到首相府，每天都坚持步行，在这一刻钟左右的时间里，他不时同路上的行人打招呼，有时甚至与同路人闲聊几句。

帕尔梅同他周围的人关系处得都很好，在工作之余，他还经常帮助别人，毫无贵族者的派头。帕尔梅一家经常到法罗岛去度假，和那里的居民建立了密切的联系，那里的人都将他看做朋友。他常常独自骑车闲逛，铡草打水，劈柴生火，帮助房东干些杂活，彼此之间亲如家人。

帕尔梅喜欢独自微服私访，去学校、商店、厂矿等地，找学生、店员、工人谈话，了解情况，听取意见，从不摆首相的架子。他谈吐文雅、态度诚恳，从没有前呼后拥的威严场面，因而深得瑞典人民的爱戴。

帕尔梅平易近人，他同许多普通人通过信件建立了友谊。他在位时平均每年收到 1.5 万多封来信，其中三分之一来自国外，为此他专门雇用了 4 名工作人员及时拆阅、处理和答复信件，做到来者皆阅、来者均复。对于助手起草的回信，他要亲自过目，然后才能签发。这一切都使他的形象在人民心目中日益高大。帕尔梅首相府的大门永远向广大人民开放，永远是人民的服务处。在瑞典人民的心目中，帕尔梅是首相，又是平民；是领导人，又是兄弟、朋友，他是人们心目中的偶像。

作为世界和平事业的积极卫士，帕尔梅多次向各国呼吁用和平手段解决地区冲突，呼吁超级大国进行谈判，停止军备竞赛和裁减核武器。同时，他的政党也在为继续争取建立中欧无核区走廊和北欧无核区而努力。

帕尔梅对地球上任何一个热点地区的冲突都非常关心，他心中经常牵挂着世界大小角落的和平与安全。但他却恰恰忽视了他自己的人身安全，尤其是公事之后的安全保卫；他从反对特殊、便于接触群众方面考虑，拒绝工作之外对他的警卫保护。可是，他很少甚至没有想到他本人可能成为恐怖活动的攻击目标。

1986 年 2 月 28 日星期五，吃过晚饭后，帕尔梅首相偕同夫人丽丝贝特像普通公民一样，兴致勃勃地来到市中心的格兰德电影院，观看新上映的影片《莫扎特兄弟》，23 点 15 分电影结束，帕尔梅夫妇走出人流，沿着大街步行回家。当他们夫妇俩走过了两个街区到达一个交叉路口时，一个陌生人向他们走来，在距他们不到 2 米的地方突然举枪朝首相射击，帕尔梅的胸部和腹部当即中了 2 颗子弹，丽丝贝特背部也受了轻伤，枪响过后，丽丝贝特立即大声呼救。等人们闻讯赶来时，凶手已经逃之夭夭。此时赶到抢救的人们还不知道被害者竟是他们的内阁首相。帕尔梅昏迷不醒，几分钟后，救护车急速开来，帕尔梅夫妇被送往一家医院进行紧急抢救。

遗憾的是，帕尔梅没有从死神的手中走回来，罪恶的子弹打中了首相的致命处，3 月 1 日凌晨 0 点 6 分，帕尔梅与世长辞。

一位伟大的和平战士就这样倒下了，但帕尔梅首相的人格力量和高尚品德是无法泯灭的。

前联合国秘书长德奎利亚尔为帕尔梅做了最庄严恳切的评价：他是联合国宪章最高理想的化身，他使“和平战士”这一概念富于活力，是一位维护人的价值和尊严的不屈的先锋战士。

自命不凡者必遭厄运

自命不凡者都是错误地高估了自己实力的人，他们往往会在自我陶醉中走向自傲，走向麻痹大意，结果是在为人处世、经营事业中遭受冷落及败绩。

汤姆是一个精明能干的公司职员，他很早就参加了工作，并且博览群书，学识渊博，是个人才。但他往往恃才自傲，而且极爱炫耀自己。同事们对他都很反感，认为他自以为是，过于固执。有一次，他被调到一个新的部门工作，一到那里就与部门主管吵了起来，责怪人家派给他的工作太少，言语中露出了强烈的不满和高傲的神态。结果可想而知，这个部门主管向上级告了他一状，说他恃才傲物，不服管制，不久他就被单位解雇了。

汤姆无疑过高地估计了自己的实力，自命不凡，固执己见，唯我独尊。他虽然有一定的才干，但却夸大了自己的能力，以为自己可以解决一切。有一定的自信与自尊是好的，但过分了也就变成自高自大，结果是自尝失败的苦果。

要想成就事业，任何人都应该去掉身上自命不凡的毛病。首先，应该明白“尺有所短，寸有所长”。自己有一定实力并不代表自己比谁都强，须知“天外有天，人外有人”、“强中更有强中手”，不要学井底之蛙，在一口井的空间里自鸣得意，而应当在更广阔的范围内评价自己的长短。盲目自大，过度夸大自己的作用与影响的毛病是要不得的。

其次，要善于学习他人的长处。自命不凡者往往以较高的姿态拒绝观察他人的优点，更谈不上学习了。在很多情况下，决策或者行动都要求集思广益，多辟途径，即使你是最高领导者和决策者，也要尽量去考虑他人意见的合理性，而不是独断专行。要学会与人合作，容忍他人有不同看法。不要过分夸耀自己，动不动就吹嘘自己、贬低别人的人是找不到真正的朋友的。

再次，要培养开放的心态。自高自大者的心理往往是狭隘偏激的，他们会主动地关闭自己的心灵。有些自命不凡者本身并无能力，但就是在自我封闭的情况下，他们得到了满足。

最后，应该懂得自尊，坚持人人平等。自命不凡者往往是沉浸在高人一等的幻想之中，谈不上真正的自尊，也谈不上人人平等。关于这一点，日本流传着一个很有智慧的传说：有个武将去造访一位老僧，他指着自己的右手说："骑在马背上时，这是挥舞长刀的手！"老僧也立刻举起自己的右手说："这是方便后擦屁股的手！"

日本老僧实际上是在用禅宗偈语警醒这位自命不凡的武将，所谓能力大小是相对而言的，没有什么是值得夸耀的。自命不凡者不妨好好反省一下。

要有鸿鹄之志

世事迁移，沧桑变化。想想我们中学或大学毕业的同学，几年之后，他们境况如何？从中我们又能有何启示？也许当初有些人很幸运，他们考上了大学，有的还上了名牌大学，而有的人屡试不中，只能被排除在大学校门之外。但若干年之后，如果同学重聚，你也许会发现，有些当初的落榜者并非没有出息，而真干出了点名堂，他们做起了自己的买卖，当起了老板。而那些昔日的幸运者，有的也只是平平常常，悠闲自在，每月守一点工资，混点事做。

类似的情形在生活中很多，两者相比，为何出现如此结局？其原因不外乎如此：一者永远不满足于自己的现状，拼命改变自己的命运，所以他们能不断有所长进。而另一者则以为自己很幸运，什么都不用愁了，忘了居安思危，失去了进取之心，所以一直在原地踏步，没有任何出色的成绩和作为。

在竞争如此激烈的现代社会，原地踏步应该也算是一种退步，因为他人都在前行，而你静止不动，参照起来，你不就是处于后退的状态吗？

因此，一个人不能有点小小的成绩就以为万事无忧，要向前看，要勇于进取。

一个人如果不满足于目前的小小成就，就会不断充实自己，提升自己。上班的人不忘继续学习；做生意的不断搜集信息，强化企业实力，这些都是在创造机会、等待机会。

尽管小小的成就也是一种成就，也是自己安身立命的根本，但社会的变迁太快，长江后浪推前浪，如果你在原地踏步，社会的潮流就会把你抛在后头，后起之辈也会从你后面追赶过去，相比起来，你的“小小成就”在一段时间后根本就不是成就，甚至还有被淘汰的可能。比如在10年、20年前，大学生还很稀罕，而现在呢？到处都是。

一个人不满足于目前的成就，积极向高峰攀登，就能使自己的潜能得到充分的发挥。

比如说，原来只能挑100斤重担的人，因为不断的练习，进而突破极限，挑起120斤甚至150斤的重担！而一个人只要安于现状，就失去了上进求变的动力。

没有动力，就无法付诸切实的行动。

人总是要有点精神、有所追求的，那么就将它引入生活实践中吧，努力做出大成就以无愧人生。

无所畏惧铸就辉煌人生

英国思想家培根说过这样一段话：“如果问人生最重要的才能是什么，那么回答是：第一，无所畏惧；第二，无所畏惧；第三，还是无所畏惧。”

“无所畏惧”首先是指一种勇气，它使我们敢于尝试、敢于迈出前进的第一步；“无所畏惧”更意味着一种坚强，它使我们在面对压力和困境的时候不退缩、不软弱。在很多伟人身上，我们不难发现，正是勇气铸就了他们的辉煌人生。

上林县的一个小镇上，有一片郁郁葱葱的美国甜竹林。在这里，常常可以看到一个肩扛锄头、身背勾刀、头戴草帽、跛着腿劳作的中年男子，他就是这片甜竹林的主人莫建大。这名残疾人用自己的双手开辟了近60亩的甜竹林，创造了每年4万余元的可观收入。之所以能取得这样的成绩，正因为他有着不甘消沉的精神和超人的勇气。

四十来岁的莫建大十多年前从事建筑工作时，不慎从楼上摔下，落下了残疾。如果他靠着赔偿金过平庸的日子是过得下去的,但他不满足于这样的现状。他并不悲观,他知道世上没有救世主,自己的命运掌握在自己的手中。他要寻求更好、更快乐的生活。他鼓足勇气,承包了义资岭上近60亩土质肥沃、适宜种植甜竹林的荒坡。

一无基础、二无资金、三无技能的他,仅凭着一股勇气,就开始了艰难的创业历程。

莫建大开发甜竹林种植成为该县开展生态扶贫的一个重要项目和产业龙头,引起了有关部门的重视,县林业部门为莫建大无偿提供了所需竹苗,并给予技术上的支持。这给莫建大吃下了定心丸。为了尽快将计划付诸实施,莫建大在自筹了一部分资金后,向有关部门争取资金支持,得到了银行贷款2万元,作为启动资金投入建设之后挖坑整地种下2500株美国甜竹苗。

甜竹种下了,可百倍的艰辛还在后头,困难一个接一个:缺乏技术、没有流动资金、没有销路……莫建大一刻也不敢闲着,他边种边学,整天蹲在竹园里,常常是忙到晚上11点多才拖着疲惫的身子回家;培土施肥时,为了节省费用,他自己跑上跑下买肥料、搬运、施肥等,几个月下来,原本人高马大的莫建大缩小了整整一圈,但他觉得值——因为经过将近一年时间的努力,近60亩甜竹园已初具规模 。

有付出就有回报。鲜笋销路很广,客户上门收购,价格好,供不应求。产量多的时候,莫建大就自己加工甜笋,使每斤甜笋比原来增值2倍以上,有效提高了产品的附加值。

正如莫建大所说的,身体残废并不可怕,怕的是不思进取,自暴自弃。人应活出尊严来,即使身处逆境也绝不苟且偷生;要高立身,高立志,创辉煌。

人生重要的是站对位置

为了更好地经营自己,更快地适应社会,就需要了解自己的长处和优点,给自己一个最佳的社会定位。这样做可以大大加速自己适应环境、融入社会的步伐。

许多成就卓著的人士,他们的成功首先得益于他们充分了解自己的长处，并能根据自己的特长来进行定位或重新定位，最终找准了真正适合自己的行业。

有些人并不了解自己的长处在哪里，而是只凭自己一时的兴趣和想法来选择行业，结果就会发生失误。对此，每个人都千万不要掉以轻心。

虽然说“条条大路通罗马”，人生的路原本有很多条，但并不是任何一条路都是适合自己的。

一般说来，通过一次性选择就能获得成功的人当然很幸运，因为这是出于个人的兴趣、爱好和毅力，并且较早地把握了“自知之明”。像贝多芬、莫里哀、梅兰芳等人，就属于这类为数不多的幸运者。

但是，对于更多的人来说，却并不是一下子就能认清自己的本质，选准努力的方向。人们只有经过社会实践的多次磨炼之后，才能逐渐找到适合自己的行业。

古今中外，经过重新给自己定位而取得令人瞩目成就的名人非常之多：

著名诗人艾青，本来在法国学的是绘画，只是偶尔在速写本上记下几句闪光的诗句。偶尔被一位诗人看到了，自作主张地寄给一家杂志，竟然被发表了，这才使艾青认识到了自己的诗才，从而登上文坛。

作家冯骥才在步入文坛之前，曾是一名专业球队的职业球员，球艺一般，后又去学画，也没有成果。但他在学画时偶尔也写些东西，终于发现自己擅长文学。此后，他一气呵成，写出了成名作《义和拳》。

阿西莫夫是一位科普作家，也是一位自然科学家。他的成功同样得益于对自己的再认识、再发现。一天上午，当他正坐在打字机前打字的时候，突然意识到：“我虽然不能成为第一流的科学家，却能够成为第一流的科普作家。”于是，他几乎把全部精力都放在了科普创作上，终于使自己成为当今世界上最著名的科普作家。

伦琴原来是学工程科学的，后来在老师孔特的影响下，做了一些物理实验。由此他逐渐体会到，这才是最适合自己干的行业。后来，他果然成了一位很有成就的物理学家。

法国生物学家拉马克，更是历经过多种职业后才开始进入科学领域的。他本来准备当牧师，后来步入军界，走出军界后又做了银行职员，这期间他还研究过音乐和医学。就在一次植物园的散步中，他幸运地碰到了卢梭。从此,他才进入了大有用武之地的生物科学界。

无数事实都告诉我们这样一个道理,人生始于选择,也成于选择。每个人的一生都是由一个个选择所组成的,千万不要吊死在一棵树上。

尤其当你苦恋着一项事业,而且也竭尽全力拼搏,却仍然得不到理想的结果时,或者是当你在某个机构做事,由于许多人事上的复杂关系而使你难有发展时,就必须当机立断,摆脱这种不良环境,投身于更能发挥自己特长和素质的领域,以便另辟蹊径,再展雄姿。

“树挪死,人挪活。”天无绝人之路,每个人都可以拥有自己的成功。所谓“三百六十行,行行出状元”,当然,你要想成为状元,就必须找准行业。这里并不是教你像无头苍蝇似的乱闯瞎碰,而是教你重新发现自己,眼观六路,耳听八方,灵活变通,该冲锋时冲锋,需回头时回头。

值得注意的是,现在许多人都在自己并不喜欢甚至厌恶的岗位上空耗着,干着自己并不愿意干的工作。与其折磨自己,空耗人生,倒不如早做决断,另起炉灶。这样,你的成功也许会变得更容易。

诚实守信是成功的关键

对建立良好的人际关系来说,真诚守信是一个至关重要的、必需的条件,任何人都不能忽视。

社会学家们曾经对世界十大民族做过抽样问卷调查,题目是:你认为人类最好的美德有哪些?在回收的问卷中,虽然不同民族列出的人类美德的种类及排列顺序有所不同,但有一点却是共同的:诚实守信都被排在前三位之内。

尽管这只是抽样调查,却说明了一个普遍的真理:全世界各民族都一致认为,对人真诚和讲究信用是人类必不可少的美德。这是做人的根本,也是与人和睦相处的最佳良方。

对于真诚守信的独特功能和巨大价值,许多名人都曾反复强调过。

德国哲学家与心理学家赫尔巴特说:“一两重的真诚,其价值等于一吨重的聪明。”法国文学家大仲马则说:“当信用消失的时候,肉体就没有生命了。”富兰克林也提醒人们:“失足,你可以马上恢复站立;失信,你也许永难挽回。”而罗赛尔?赛奇则说得更加直截了当:“坚守信用是成功的最大关键。”

在社会交往中,虚伪不可能获得真正的友谊,真诚才是人际关系最宝贵的财富;失信可以极大地败坏一个人的名声,守信才能赢得人们的赞誉和信任。

有些年轻人刚刚踏入社会时,特别是走进职场后,常常都有这样一种误解,即认为一个人的诚实信用是建立在金钱的基础上的,只要是资本雄厚的有钱人,就一定有信用。

其实,这种看法是不对的。与万贯财富比起来,高尚的人格、坦率的品德、卓越的才干以及吃苦耐劳的精神,无疑更重要、更可贵。这些才是诚实信用的真正基础。

在西方市场经济发达的资本主义国家里，银行在每贷出一笔款项之前,都会对申请人的诚实信用状况仔细研究一番,派出专门职员进行认真深入的调查。只有觉得对方确实可靠、没有问题时,才肯把款项贷出去。

有很多非常有眼光的银行家,他们对那些资本雄厚但品行不端、不值得信任的人,决不会放贷一分钱,反而愿意把钱借给那些虽然资本不多但却肯吃苦耐劳、小心谨慎、坦率真诚、时时注意商机的人。

由此可见,即使在冷酷无情、云谲波诡的商场上,真诚和信用也是人的立身之本。

那么，怎样才能做到诚实守信，并将这种品质向别人充分展现出来呢？美国一家大杂志的主编约翰?格林先生,曾经从以下几点给出了具体的建议。他说：

“第一,必须注重自我修养,善于自我克制,做事情务必恳切认真,建立起良好的名誉；他应该随时设法纠正自己的缺点；他的行动要踏实可靠,做到言出必信,与人交往时诚实无欺——这是获得他人信任的最重要条件。

第二,一个想要获得别人信任的年轻人,必须老老实实做出业绩来让人看,证明他的确是判断敏锐、才学过人、富于实干的人。在这个企业和职业都越来越向专业化发展的社会,学有专长的人更加具有竞争力,无论走到哪里都会格外受人重视。

第三,良好的习惯是建立诚实守信这一形象的最可贵的资本。有良好习惯的人，永远比那些沾染了各种恶习的人更容易成功。世上有不少人本来已经快要跨入成功的门槛了，但是因为一些不良习惯，使得别人始终不敢对他抱以信任，他的事业因此而中途受阻，无法再向前发展。那些沾染了各种恶习的人，往往自己都是不太清楚的，但那些与他交往的人却看得十分清楚，因为人们大多是很看重这类问题的。”

约翰·格林特别强调了良好习惯对建立个人诚信的巨大作用：“一个人的品格大都是经过他的习惯来培植成功的。有些青年原来品格优良，但后来因为沾染了某种恶习，结果再也没有出头之日。很多年轻人一开始就不注意自己的习惯，觉得那只是微不足道的小事。但是，久而久之，他就可能因为一些恶习而被别人轻视，受人排挤。当事情发展到无可挽回的地步时，再后悔也来不及了。”

因此，他建议说：“一个有志成功的青年，为了自己的前途，无论如何都要抵制各种不良习惯的诱惑，在任何诱惑面前都要坚定信心，不为所动。他必须永远善于自我克制：不酗酒、不赌博、不弄虚作假、不因毫无意义的项目而举债。否则，只要稍动邪念，他就会一下子毁掉自己的信用、品格和成功。如果仔细去分析一个人失败的原因，就会发现多半是因为那个人有着种种不良的习惯。”

任何人要想获得长久的成功，都必须重视信用。但直到今天，仍然有许多人对诚实守信这件事漫不经心、不以为然，不肯在这方面花费心血和精力。这种人肯定不会长久地发达，即使偶然获得了成功也会很快失败。

当然，一个人要想在别人心目中建立起诚实守信的形象，并非心里想着就能实现，而是必须要靠坚强的决心和实际的行动。尤其对于年轻人来说，刚跨入社会做事时，绝对不会无缘无故地立即得到别人的信任。

要想让别人感觉你是诚实守信的，除了要有正直诚实的品格外，还要有敏捷、正确的做事习惯。最好的办法就是注意小节，因为越是细小的事情，越容易给人留下深刻的印象。

请务必记住这样一条真理：建立诚实守信的形象，必须靠一点一滴的长期积累；而要使自己的诚实信用破产，则只是一瞬间的事情。

生命不可无激情

我们看待创业者，往往最关注他们创造的惊人财富，却很少去思考：生活在同样的社会环境中，他们凭什么比我们创造更多财富？

凭着生命的激情！其实，每个人心中都有一笔巨大的、无形的财富，只不过很多人尚未意识到而已。而创业者却通过不断的拼搏与奋斗把这笔心理财富转化为现实的财富。从前有个故事，讲的是一户人家的地板下埋着两坛金子，而他们却浑然不觉，过着穷困潦倒的生活。许多人也正像这户守着财富却穷困潦倒的人家一样，让人觉得可悲、可叹、可笑。

也许你要问："这笔财富是什么？为什么我没有觉察到呢？"

这笔财富就是隐伏于每个人内心深处的巨大潜能——自我激励。你没有觉察到的原因，是因为它犹如一座矿藏，不是俯身可拾的，而是需要一个从挖掘到利用的过程。创业者在现实的斗争中不断开采这座矿藏，这种内在的能源一旦与现实材料结合，便以财富的形式固定下来。虽然不同的创业家使用的现实材料不同，有的取材于经济，有的取材于文化……但他们源源不断的财富之源都是自我激励。

自我激励始终贯穿于创业者的整个奋斗历程。白手起家的香港亿万富豪徐展堂便是这样的一个典型例子。

徐展堂自幼丧父，家境窘迫，可是一贫如洗的徐展堂不向命运低头，他发誓要通过自己的奋斗挣钱发财，取得成功。最初徐展堂在一家银行里当信差，可是他并不因处境艰难而放弃自己的理想。他一边利用业余时间学习英语，啃读名人传记，牢记他们的成功秘诀，一边在实践中不断积累经商经验。辞掉信差后，徐展堂又四处闯荡。他从小本生意做起，走街串巷，卖过馄饨，摆过小摊，什么生意赚钱他就干什么。这段经历磨砺了他坚强的意志，增加了他的社会阅历，丰富了他的经商经验。不管身份多么低微，现实如何残酷，徐展堂从来没有放弃自己的雄心壮志。正如他回顾艰辛的创业史时所说的那样："我当时抱定的信念是：成功得失的契机，在于自己能否把握机会及努力进展。"正是在这种自我激励下，徐展堂四面出击，越战越勇。凭着他独特的眼光和非凡的胆魄，加上磨炼出来的卓越的经商素质，他终于在进军房地产时一举获得成功。这位财产逾亿的大富豪这样评价自己:“我不相信命运,只相信个人努力。我定了目标便不三心二意,越困难越不放弃。解决困难成为我工作的动力。”

非常之人必有非常之志。徐展堂的事例告诉我们:你也可以成为心目中的那种人! 自我激励便是你完成人生飞跃的翅膀。

心理学研究表明:要取得绩效必须靠内部努力和外部激励,可是在相同的努力和激励的前提下,人们取得的绩效不尽相同。工作能力强固然容易出成绩,但光有能力而缺乏动机、缺乏干活的热情,也将会一事无成。我们在日常生活中也常见到,一些能力一般的人却比能力强的人更容易出成果,这主要就是由于动机激发程度的不同。罗斯福并不认为自己有什么天赋和非凡才华,只是认为自己善于自我激励,把平凡的才能“在尽可能的限度内发挥到异乎寻常的高度”。我们甚至可以看到,一些能力较差的人可以通过强烈的进取心、过人的动机内驱力去取得与其自身能力不相称的特殊成绩。

许多人感到自己生活平淡乏味,那是因为缺乏生活的激情。自我激励的结果便是唤起自己身上的激情与热情。如果一个人总是老气横秋、缺乏激情,那么可以说,这个人是绝不可能成功的。缺乏生命的激情,难以创建一番事业;缺乏爱的激情,生命中是很难体会到幸福和快乐的;缺乏信仰的激情,则根本不可能为理想而献身。学会自我唤醒沉睡的生命激情,这将把你带入崭新的人生境界。

要有志在必得的理念

如果你已拥有更贵重的宝物,自然会轻看其他东西。对你而言,什么事物是最贵重的呢?不要让财富成为我们唯一的追求目标,人生还有许多更珍贵的东西,可以倾一生之力去追寻。

目标是做事的一个灯塔,我们所有的精力与力气都是为它储备的。目标的大小直接决定着成功的大小,正如拿破仑所说:我成功,因为我志在成功。

用拿破仑那句“我成功,因为我志在成功”的名言来形容韩国三星集团董事长李秉哲标榜的“第一主义”,可说是最恰当不过了。

李秉哲是韩国的首席企业家,他所拥有的多家企业,包含了制糖、食品、电子、建筑、造船、金融、保险、证券、报纸、旅馆、百货公司、医院等，从消费领域到生产领域，几乎网罗了各行各业，员工12万人，为韩国最大的企业集团，并跻身世界大企业的行列。李秉哲基于“第一主义”，提出“事事第一”与“利润第一”的经营口号，并且要求所有的三星企业都必须做到“第一”。盖肥料工厂时，他要求建成世界规模最大；兴建电子厂时，其面积也要超过日本最大的电子厂；到日本，他要住东京最大的大仓酒店；定做衣服，他要求用最好的料子。

李秉哲常说：“生产品质低劣的产品，虽不犯法，但有失公德，将受社会正义的挞伐。”因此，每当三星要开发新产品时，他都会先到世界各国搜集同类的高级产品，以此为学习对象。有一次三星投资兴建新罗观光大酒店，他指示必须建成韩国首屈一指的旅馆，结果，其设备输给了几乎与新罗同时落成的乐天大酒店。为了此事，他大发雷霆，把施工负责人找来痛骂一顿，他最在意的就是不如人。

此外，“人才第一”也是李秉哲重要的经营哲学。他六亲不认，唯才是用。每年的2月11日，三星所属企业的负责人将因个人业绩表现，或奖或惩，或升或降，毫无人情可讲。任何不称职的企业主管，都将在这一天遭受申斥之后被免职。

“三星”在韩国的知名度极高，已达妇孺皆知的地步。常听韩国人说：“‘三星’是韩国商场上的大白鲨，不管什么行业，‘三星’一插手，别人就甭想混了！”由此可见，“三星”在韩国已是名副其实的“第一”了。李秉哲说：“谁不想成为第一呢？如果谁没有当第一的愿望，在竞争中却得到了第一，那才叫怪呢！”少年时代，洛克菲勒的梦想就是当富翁，“成为一个有10万美元的人”。在平均月工资只有十来美元的19世纪下半叶，这是一个巨大的梦想，相当于今日的中国人想成为千万或亿万富翁。为了早日实现这个梦想，他1855年高中毕业后便开始找工作，而且只找银行、批发商、铁路公司这类有发展前途的工作。终于，他于同年9月26日在一家商行找到了一份会计办事员的工作，周薪4美元，大约为一般工作的2倍。洛克菲勒对自己的这一选择很得意，把工作的第一天作为自己的第二生日，每年都予以庆祝。

1858年，洛克菲勒的年薪已增至600美元，也就是约相当于最初的3倍。但他认为，自己比较合理的报酬应当是800美元，于是他就向老板提出加薪的要求,老板支支吾吾地加以拖延。洛克菲勒一气之下辞去工作,与英国人克里克合伙自办了一家商业公司。当时,他的自有资金只有800美元,又以10%的年息向他父亲借了1000美元。幸运的是,他们第一年就赚了4000美元,第二年赚到了17000美元。不久,石油工业在美国兴起,洛克菲勒非常看好这一种新兴行业,转而经营石油,并在1865年用72500美元的巨款买下原公司中属于克里克的股份,与一名技术专家安德鲁斯合作,创办了一家专营石油的公司。当年,这家新公司的年收入达到100万美元,次年达到200万美元。再后来洛克菲勒垄断了全美95%的石油生产,并成为美国也是全世界的第一位资产超过亿万美元的超级大富翁。

所以有人说:"如果你是一个商人,只为做生意而努力,那么你可能会赚很多钱,但你永远不会因此而有一番成功的事业。相反,如果你想通过做生意来干一番事业,那么你就有可能不仅赚很多,而且会干出一番惊人的大事业来。如果你是一个学生,只为分数而学习,那么你也许能够得到好的分数,但是,如果你为知识而学习,那么你就能够得到更好的分数和更多的知识。"

不要为眼前的小事而丢了成就大事业的目标,你的人生将更加灿烂。

不鸣则已,一鸣惊人

俗话说,"不鸣则已,一鸣惊人",意思是说,一个人除非安于平常,如要做事,就会做令人惊叹的大事。不管我们能否真的能做出惊天动地的大事,但有这样的做事志向和胆略就令人钦佩。

楚庄王即位时很年轻,即位之始,他并未像其他新君上任那样雷厉风行地干一些事情,而是不问国政,只顾纵情享乐。他有时带着卫士姬妾去游猎,有时在宫中饮酒观舞,浑浑噩噩,无日无夜地沉浸在声色犬马之中。每逢大臣们进宫汇报国事,他总是不耐烦地回绝,任凭大夫们自己办理。他根本不像个国君,朝野上下也都拿他当昏君看待。看到这种情况,朝中一些正直的大臣都感到十分着急,许多人都进宫去劝谏,可楚庄王不仅不听劝告,反觉得他们妨碍了他的兴趣,对这些苦口婆心的劝告十分反感。后来他干脆发了一道命令:谁再来进谏,杀无赦。

三年过去了，朝中的政事乱成一团，但楚庄王仍无悔改之意。在这期间，他的两位老师斗克和公子燮攫取了很大的权力。斗克自认为在秦楚结盟中有功，但却未得到足够的报偿，因而心怀怨愤；公子燮要当令尹未能实现，也心怀不满，二人因此串通作乱。他俩派子孔、潘崇二人去征讨舒人，又把二人的家财分掉，并派人刺杀二人。刺杀未成功，潘崇和子孔就回师讨伐，斗克和公子燮竟挟持庄王逃跑。到庐地时，当地守将杀掉了他们，庄王才得以回郧都亲政。就是经历了这样的混乱，楚庄王仍不见有甚起色。

大夫伍参忧心如焚，再也忍不下去，冒死去晋见庄王。来到宫殿一看，只见纸醉金迷，钟鼓齐鸣，庄王左手抱着郑国的姬妾，右手搂着越国的美女，案上陈列着美酒珍馐，面前是轻歌曼舞。庄王看到伍参进来，当头问道："你难道不知道我的命令吗？是不是来找死呢？"伍参抑制住慌张，连忙陪笑着说："我哪敢来进谏，只是有一个谜语，我猜了许久也猜不出，知道大王天生聪慧，想请大王猜一猜，也好给大王助兴。"楚庄王这才放下脸，说道："那你就说说看。"伍参说："高高的山上有只奇怪的鸟，身披鲜艳的五彩，美丽而又荣耀，只是一停三年，三年不飞也不叫，人人猜不透，实在不知是什么鸟！"楚庄王听完了这段话，思考了一会说："三年不飞，一飞冲天；三年不鸣，一鸣惊人。此非凡鸟，凡人莫知。"伍参听后，知道庄王心中有数，非常高兴，就又趁机进言道："还是大王的见识高，一猜就中，只是此鸟不飞不鸣，恐怕会遭猎人暗箭哪！"楚庄王听后身子一震，随即叫他下去了。

伍参回去后就跟大夫苏从商量，认为庄王不久即可觉悟，没想到几个月过去后，楚庄王仍一如既往，不仅没有改过，还越发不成体统了，苏从见状不能忍耐，就闯进宫去对庄王说："大王身为楚国国君，即位三年，不问朝政，如此下去，恐怕会像桀、纣一样招致亡国灭身之祸啊！"庄王一听，立刻竖起浓眉，露出一副暴君的形象，抽出长剑指着苏从的心窝说："你难道没听到我的命令？竟敢辱骂我，是不是想死？"苏从沉着从容地说："我死了还能落个忠臣的美名，大王却落个暴君之名。如果我的死能使大王振作起来，能使楚国强盛，我甘愿就死！"说完，他面不改色，请求庄王处死他。

楚庄王等待多年，竟无一个冒死进谏之臣，他的心都快凉了。这时，他凝视了苏从几分钟，突然扔下长剑，抱住苏从激动地说："好哇，苏大夫。你正是我多年寻找的社稷栋梁之臣！”庄王说完，立刻斥退那些惊恐莫名的舞姬妃子，拉着苏从的手谈起来。两人越谈越投机，竟至废寝忘食。

苏从惊异地发现，庄王虽三年不理朝政，但对国内外事无巨细都非常关心，对朝中大事及诸侯国的情势也都了如指掌，对于各种情况也都想好了对策。这一发现使苏从不禁激动万分。

原来，这是庄王的韬光养晦之策。他即位时十分年轻，朝中诸事尚不明白，也不知如何处置，况且人心复杂，尤其是若敖氏专权，他不明所以，更不敢轻举妄动。无奈之中，想出了这么一个掩人耳目的方法，静观其变。在这三年中，他默默地考察了群臣的忠奸贤愚，也测试了人心。他颁布劝谏者死的命令，也是为了鉴别哪些是甘冒杀身之险而正直敢言的耿介之士，哪些是只会阿谀奉承只图升官发财的小人，如今三年过去，他年龄已长，经历已丰，才干已成，人心已明，他也就露出庐山真面目了。

第二天，他就召集百官开会，任命了苏从、伍参等一大批德才兼备的大臣，公布了一系列的法令，还采取了削弱若敖氏的措施，并杀了一批罪大恶极的犯人以安人心。从此，这只“三年不鸣”的奇鸟开始励精图治争霸中原。

第五章

志存高远 自强不息

立身者当志存高远。一个人唯有立下高远的志向，才可能在人生漫漫长路上披荆斩棘，奋勇直前，实现理想。人生是丰富的，志向当存高远，“胸有凌云志，无高不可攀”。从现在开始，立高远之志，成就你辉煌的人生吧！

目标多大，人生舞台就多大

“志当存高远”是一句千古流传的名言，古人很重视人生志向的确立，志存高远，就会自我激励，奋发向上，有所成就；志向远大，才能克服眼前的困难和自身的弱点，去实现宏伟的志愿。人人都要认真地审视自我，感知理想实现路程的艰辛，要有远大的抱负，但不能偏执自负；要志存高远，但不能好高骛远。

成功人士都是靠超前一步而取得成功的。奥运会金牌得主不光靠技术取胜，而且还靠远见的巨大推动力。商界领袖也一样。远见就是推动梦想前进的力量，正如道格拉斯?勒顿说的：“你决定人生追求什么之后，就做出了人生最重大的选择。要想如愿，首先要弄清你的愿望是什么。”有了志向，你就看清了自己的目标；有了志向，你就有一股无论顺境逆境都勇往直前的动力。

维斯卡亚公司是 20 世纪 80 年代美国最为著名的机械制造公司，其产品销往全世界，并代表着当今重型机械制造业的最高水平。许多人毕业后到该公司求职均遭拒绝，原因很简单：该公司的高技术人员爆满，不再需要各种高技术人才。但是令人垂涎的待遇和足以自豪炫耀的地位仍然向那些有志的求职者闪烁着诱人的光环。

史蒂芬是哈佛大学机械制造业的高材生，和许多人的命运一样，在该公司每年一次的用人测试会上被拒绝。可史蒂芬并没有死心，他发誓一定要进入维斯卡亚重型机械制造公司。于是，他采取了一个特殊的策略——假装自己一无所长。

他先找到公司人事部，提出为该公司无偿提供劳动力，请求公司分派给他任意工作，他都会不计任何报酬来完成。公司起初觉得这简直不可思议，但考虑到不用任何花费，也用不着操心，于是便分派他去打扫车间里的废铁屑。

一年来，史蒂芬勤勤恳恳地重复着这种简单却劳累的工作。为了糊口，下班后他还要去酒吧打工。这样虽然得到老板及工人们的好感，但是仍然没有一个人提到录用他的问题。

90 年代初，公司的许多订单纷纷被退回，理由均是产品质量问题，为此公司蒙受了巨大的损失。公司董事会为了挽救颓势，紧急召开会议商议对策。当会议进行很长时间却未见眉目时，史蒂芬闯入会议室，提出要见总经理。

在会上，史蒂芬对这一问题出现的原因作了令人信服的解释，并且就工程技术上的问题提出了自己的看法，随后拿出了自己对产品的改造设计图。这个设计非常先进，恰到好处地保留了原来机械的优点，同时克服了已出现的弊病。

总经理及董事会的董事们见到这个编外清洁工如此精明在行，便询问了他的背景以及现状，尔后，史蒂芬被聘为公司负责生产技术问题的副总经理。

原来，史蒂芬在做清扫工时，利用清扫工到处走动的特点，细心察看了整个公司各部门的生产情况，并一一作了详细记录，发现了所存在的技术性问题并想出了解决的办法。为此，他花了近一年的时间搞设计，获得了大量的统计数据，为最后一展雄姿奠定了基础。

自古以来，凡成大事者，无不是立高远之志并以勤为径、以苦作舟去实现自己的理想抱负的。

昔时少年项羽因为看到秦始皇出游的赫赫声势就有取而代之的念头，才有历史上的楚汉相争；诸葛亮躬耕南阳，因为常“好为梁父吟，自比管仲乐毅”，才有魏晋时期的三国鼎立；霍去病因为有“匈奴未死，何以家为”的壮志，才演绎出一代英雄赞歌；周恩来因为从小便有“为中华之崛起而读书”的豪气而成为开国总理，成就了新中国；巴尔扎克因为年轻时的挥笔豪言“拿破仑用剑无法实现的，我可以用笔完成”，才有了 350 部鸿篇巨制的源远流长；苏步青教授因为少年时有“读书不忘救国，救国不忘读书”的志向，而成为国际公认的几何学权威。

年轻人应当有远大志向，才可能成为杰出人物。但要成为杰出人物，光是心高气盛还远远不够，必须从最基础的事情踏踏实实做起。

将不可能变成可能

玛丽亚?艾伦娜?伊瓦尼斯是拉丁美洲的一位女销售员，在拉丁美洲，你每看到的 5 台电脑中，就有 1 台是她销售的；在非洲，你每看到的 12 台电脑中，便有1台是由她销售的。她在20世纪90年代成为《公司》杂志所评选的“最伟大的推销员”之一。

20世纪80年代，在人们还很少见到女工程师的年代，她便在三个星期中旋风般地穿行于厄瓜多尔、智利、秘鲁和阿根廷。在这些国家，她游说各个政府部门及公司使用她的产品。而在1991年，她仅仅带了一份产品目录和一张地图，就乘飞机到达非洲肯尼亚首都内罗毕，开始她的非洲冒险。可以说，在我们这个时代很难找到像她那样高标准做事的人。

她是全美国最有价值的员工之一，她身上洋溢着激情和活力，她不断挑战那些别人望而却步的艰难任务。她总是对别人说：“如果别人告诉你，那是不可能做到的，你一定要注意，也许这就是你脱颖而出的机会。”正是这种精神，使她成为南美和非洲电脑生意中当之无愧的女王。

苏妲?莎是全球著名软件公司SAP的王牌销售员，自2000年以来，她每年都为公司带来4000万美元的收入。毫无疑问，这是个令人叹服的数字。

2000年，苏妲想要半导体制造商AMD公司购买他们的软件，她和负责技术采购的首席信息官弗雷德·马普联系，可是，在一个多月的时间里，马普没有回过她一次电话。苏妲不停地给他打电话，最后，马普终于不耐烦了，通过下属明确告诉苏妲：“死心吧，不要再打电话过来了。”

苏妲只好另想办法，她调动起自己的所有资源和关系网，看看能找到什么突破口。最后，她发现，AMD的德国分部曾经购买过SAP的产品。这真是一线希望。苏妲联系到在德国负责这笔生意的销售代表，恳请他帮忙。在苏妲的努力下，这位德国同事找到了AMD在德国的联系人，请他去美国出差时和苏妲见上一面。这次会见，苏妲使出了浑身解数，终于促成了她和马普手下一位经理的面谈，这位经理随后将苏妲介绍给了马普。

能够将客户的门敲开，只是在成交过程中艰难的第一步。征服客户，使客户愿意掏钱购买，则是更为关键的一步。苏妲在和马普见面后，认真地聆听了马普对新软件的要求，并向公司作了详细的汇报，又和公司的研发部门进行了充分的沟通。她一边电话追踪马普的反应，一边推动公司产品的改进，最终，马普被她打动了。这笔交易最后的成交额超过了2000万美元。

写出自己的传奇

把每件任务当成自己唯一的追求去做，不达目的绝不罢休，调动所有的储备和资源，寻求一切可能的帮助。没有这种锲而不舍的精神，你可能一辈子也做不成什么大事。

霍华德·舒尔茨是咖啡吧大王，他的公司在美国各地有1500多家分店，雇用近3万名职工。谈起自己白手起家的奋斗史时，他说：小时候我住在纽约市布鲁克林的廉租房住宅区。有一天夜里我躺在床上思量：要是有个水晶球能窥见未来，我会怎么样呢？不过我迅即抛开了这个念头。我明白自己的人生仍然漫无目标，只知道自己必须设法离开那里，离开布鲁克林。

后来我有幸上了大学，却不知道下一步该怎么走，也没有人为我指点迷津。我的父母都是劳工阶层，每天都必须为生活操劳而无暇顾及我。我发现自己善于推销，便进了一家瑞典人开办的家庭用品公司工作。我表现出色，28岁就晋升为副总裁，薪金优厚。我买了一套住宅，又娶了个如花似玉的妻子，生活舒适愉快。

一般人有了如此成就，也许就会志得意满，我却还想更上一层楼，决意要主宰自己的命运。就在这时候（20世纪80年代初期），一个奇特现象引起了我的注意。西雅图有家从事零售业的小公司向我们大量订购滴滤式咖啡壶。这公司名叫“明星咖啡连锁公司”，虽只有四家小店，但向我们购买这种产品的数量却超过了百货业巨擘——梅西公司。当时美国各地普遍使用电气咖啡壶，为何此器具在西雅图那么受欢迎？

为了查明原委，我前往西雅图。明星咖啡连锁公司的总店朴实无华，却别具风格。我一推开店门，浓郁醉人的咖啡香气便扑鼻而来。木质柜台后面有一排箱子，分别盛着从世界各地进口来的咖啡豆，靠着墙的货架上摆满了各种咖啡用具，包括我想见的滴滤式咖啡壶。柜台服务员用勺子舀出少许苏门答腊咖啡豆并磨成粉，倒入滴滤式咖啡壶的滤格，浇上热水，冲了一杯咖啡供我品尝。他把杯子递过来，咖啡的香气笼罩了我的脸。我浅尝了一口，“哇！”我心里赞叹道，不由得两眼圆睁。这是我有生以来喝过的最浓烈的咖啡，相比之下以前喝的咖啡就像洗碟水。当晚我跟明星咖啡连锁公司的股东杰里·巴登一起吃饭。我之前从未见过有谁像他谈咖啡那样谈论某种产品。巴登不只是努力推销，他和合伙人戈登·博格都坚信，他们所卖的都是顾客会喜爱的东西。这样的经商态度令我耳目一新，也为之折服。

我想说服巴登雇用我——老实说，此举似乎并不明智。我如果去明星咖啡连锁公司上班，就必须辞去现在的职位，而我妻子也必须放弃现在的工作。我的亲友，尤其是母亲，都认为我的想法没有道理。我自己忧虑的是失去了保障怎么办？我不禁想起 7 岁那年父亲因工作时摔断踝骨而在家里待了一个多月的往事。他的职业是开卡车运送尿布，不上班就没有了工资，我们一家人的生活顿时陷入困境。他一腿裹着石膏颓然坐在长沙发上的情景，至今仍深深印在我的记忆中。但是，对我来说，明星咖啡连锁公司有着不可言喻的吸引力。其后我在一年之内又找借口去了几趟西雅图。1982 年春天，巴登和博格邀我去会晤公司董事长史蒂夫坦南·南瓦尔德。

会晤时气氛极好。我告诉他们，我曾经用明星咖啡连锁公司的咖啡招待纽约的朋友，尝过的人都赞不绝口。我又指出，该公司其实可以大展宏图，发展成为全国最大的企业。三位股东似乎很欣赏我的见解。第二天我回到纽约，急切地等候巴登的电话，但是他们决定不雇用我。巴登说："你的计划好极了，只可惜不符合我们经营明星咖啡连锁公司的方针。"我对明星咖啡连锁公司的前途仍深具信心，不想就此罢休。

第二天我又打电话过去。"巴登先生，"我说，"这不是为我自己着想，而是为你们公司……"他倾听着，然后沉默了一阵。"让我再想一想，"他说，"我明天给你回音。"次日早晨，电话铃一响我就拿起听筒。"我们决定雇用你。"巴登说，"你什么时候来上班？"许多人一遇到障碍就打退堂鼓，但是我不会这样，我一旦有了目标，就一定会锲而不舍，全力以赴。我如此坚毅，一方面是凭着满腔热忱，另一方面是不畏惧失败。我常常想起父亲坎坷的一生，他为人诚恳、工作勤奋、爱护儿女，却一直不能掌握自己的人生方向，从而抱憾终生。

进明星咖啡连锁公司一年之后，由于另一件事，我的人生又有了大转变。我去意大利米兰参观国际家庭用品展览，第一天早晨便注意到会场里有个小小的蒸馏咖啡吧，柜台后面有个高瘦的男人在笑呵呵地招呼顾客，"蒸馏咖啡？"然后递给我一杯。我三口就喝光了，不过咖啡的香浓至今难忘。那天我见识到了意大利咖啡吧的浪漫营业作风，于是开始动脑筋。我们何不开设咖啡吧，论杯卖咖啡，让人们不必自行研磨冲泡也能喝到我们的咖啡？回到西雅图后，我向老板提出此建议，他们却不以为然，强调明星咖啡连锁公司是零售业者，不是餐厅或酒吧。他们还指出公司一直很赚钱，何必冒风险另辟蹊径？

我对公司当然应该忠心，可是我对咖啡吧计划也充满信心，认为值得一试，因此左右为难。之后，我决定实行自己的计划。在妻子的支持下，我于 1985 年冬天离开明星咖啡连锁公司，创办了“伊尔·乔尔纳莱公司”。不到半年，我们在西雅图开的小店每天都有 1000 多位顾客光临。第一家开张 6 个月后，我们开了第二家，然后在温哥华开了第三家。

1987 年 3 月，巴登和博格决定出售咖啡连锁公司，我一听到消息，就知道非承购不可，伊尔?乔尔纳莱公司的股东都表示支持。于是四五个月后，明星咖啡连锁公司便归我所有。我有了实现雄心壮志的机会，也肩负了将近 100 人的希望与忧虑。

古人云：“锲而舍之，朽木不折；锲而不舍，金石可镂。”这句话能千古流传直到现在，定有它精妙之至的地方。没有毅力，怎会成功？凡是称得上伟大、壮丽的事业，都是在经过一番艰苦卓绝的拼搏之后才得以成功的。

不要丢掉成功的梦

梦想是成功的秘诀。梦想不是一天可以实现的，它不仅需要不懈的努力，更需要制定合理的计划，一步一步靠近目标。

有太多的事例一再证明，一个人树立一个什么样的梦想，他们就会相应地成长为一个什么样的人。尤其是青少年，他们就如一张白纸，梦想对于他们而言就犹如一个模板，给他们的成长烙下了深深的印记。

然而现在的很多家长和老师似乎都不知道这一点，以为给孩子最优越的生活条件，让他们上最好的重点学校，给他们请最好的家庭教师，就可以培养孩子成才。这是很大的误解。事实证明，从小就有明确目标、心怀梦想的人，会很自觉地处理在人生途中遇到的一切问题和麻烦，根本不需要别人操心，不需要别人告诉他应该怎么样。

一个叫做布罗迪的英国幼儿教师，在整理自己家阁楼上的旧物时，发现了一叠练习册，那是皮特金幼儿园B(2)班31位孩子的春季作文，题目是:《未来我是……》。

他本以为这些东西早已丢失了，没想到，它们竟安然地躺在自己家里，并且一躺就是50年。

布罗迪随手翻了几本，很快便被孩子们千奇百怪的自我设计迷住了。比如，有个叫彼得的小家伙说自己是未来的海军大臣，因为有一次他在海里游泳，喝了3升海水都没被淹死。还有一个说，自己将来必定是法国总统，因为他能背出25个法国城市的名字。最让人称奇的是一个叫戴维的小盲童，他认为，将来他肯定是英国的内阁大臣，因为在英国还没有一个盲人进入内阁……总之，31个孩子都在作文中描述了自己的未来。

布罗迪读着这些作文，突然有一种冲动，何不把这些本子重新发到孩子们手中，让他们看看现在的自己是否都实现了50年前的梦想？

一年后，布罗迪手里只剩下戴维的作文本没人索要。他想，这个人也许是死了。毕竟50年了，50年间是什么事都会发生的。

就在布罗迪准备把这个本子送给一家私人收藏馆时，他收到了内阁教育大臣布伦克特的一封信。他在信中说:“那个叫戴维的孩子就是我，感谢您还为我们保存着儿时的梦想。不过我已不需要那个本子了，因为从那时起，我的梦想就一直在我的脑子里，从未放弃过。50年过去了，可以说我已经实现了那个梦想。”

一个农夫带着他的儿子在地里耕作，累了，便坐在田头休息。儿子望着远处出神，父亲问他在想什么，他说:“等我长大了，不要种地，每天就待在家里，有人给我邮钱。”父亲笑一笑说:“你这是做梦。”

儿子上学了，他从课本里知道了埃及金字塔，就对父亲说:“等我长大了，我要去埃及看金字塔。”父亲生气地对他说:“你别做梦！”

然而，十几年之后，他成了畅销书作家，每天坐在家里写作，不断有报社和出版社给他邮来稿费，他也去了埃及看金字塔。

这是一个真实的故事，那个“做梦”的人就是台湾作家林清玄。

有些人向往未来，对未来抱着巨大的希望，有的希望离现实很远，看起来像是在做梦，不要动辄嘲笑他们:“你别做梦！”其实有梦想是一件好事。梦想引导人们向一个目标前进，激励人们奋发努力，催促人们加快速度，这是人生的一大动力。

追求理想，永不放弃

失败者最容易犯的错误就是没有耐性。面对一次又一次的失败，他们灰心丧气，止步不前，轻易放弃。殊不知，如果再坚持一分钟，也许成功就会属于他们了。

著名推销商比尔·波特在刚刚从事推销业之初屡受挫折，但他硬是一家一家地走下去，终于找到第一个买家，成了一名走街串巷的英雄。如今的他，已成为怀特金斯公司的招牌。比尔·波特告诉我们："要看到事情积极的一面，没有实现理想之前永远不要放弃。"

比尔·波特曾经是美国成千上万名销售员中的普通一员，与其他人相同的是他每天早上起得很早，为一天的工作做准备；与其他人不同的是他要花三个小时到达目的地。

不管多么痛苦，比尔·波特始终坚持着。工作就是比尔的一切，他要以此为生。从个人的角度来说，工作也是比尔价值的重要体现，而这种价值曾经被世人忽视过。多年以前，比尔就认识到必须做出选择：要么被当作废物，要么去工作。他选择了后者，成了一个推销员。1959 年，比尔第一次上门推销，犹豫了四次才最终鼓起勇气摁响了门铃。开门的人对比尔推销的产品并不感兴趣。接着是第二家，第三家……比尔始终把注意力放在寻求更强大的生存技巧上，所以即使顾客对产品不感兴趣，他也不感觉灰心丧气，而是一遍一遍地敲开其他人的家门，直到找到对产品感兴趣的顾客。

他的生活几乎重复着同样的路线。每天早上，在他上班的路上，比尔会在一个擦鞋摊前停下来，让别人帮他系一下鞋带，因为他的手非常不灵巧，要花很长时间才能系好；然后又在一家宾馆门前停下来，接待员给他扣上衬衫扣子，帮他整理好领带，使他看上去更精神一些。不论刮风还是下雨，比尔每天都要走 10 英里，背着沉重的样品包，四处奔波。那只没用的右胳膊蜷缩在身体后面。这样过了 3 个月，比尔敲遍了这个地区的所有家门。当他做成一笔交易时，顾客会帮助他填写好订单，因为比尔的手几乎拿不住笔。

出门 14 个小时后，比尔会筋疲力尽地回到家中，此时他关节疼痛，而且偏头痛还时常折磨着他。每隔几个星期,他就打印出订货顾客的清单,由于只有一个手指能用,所以这项简单的工作常常要用去他 10 个小时的时间。每天深夜,当把一天的工作全部做完后,他将闹钟定在 4 点 45 分,以便早点起床开始第二天的工作。

一年又一年过去了,比尔所负责地区的家门越来越多地被他敲开了,销售额渐渐增加。他上百万次地敲开了一扇又一扇门,最终成了怀特金斯公司在西部地区销售额最高和销售技巧最好的推销员。

怀特金斯公司现有 6 万名推销员在美国各地的商店推销着公司的家用产品,但比尔仍然是唯一上门推销的推销员。现在许多人在打折商店成批地购买怀特金斯公司的产品,这使得他的工作越来越困难。面对着变化了的购买趋势,比尔没有找借口,也没有抱怨,他一直在尽最大努力坚持着。

近年来,怀特金斯公司在美国建立了连锁机构,现在比尔没有必要再上门推销去说服人们购买产品了。但此时,比尔成了怀特金斯公司的产品形象代表。他是公司历史上最出色的推销员,公司以比尔的形象和事迹向人们展示实力。怀特金斯公司对比尔的勇气和杰出的业绩进行了表彰,他第一个得到了公司主席颁发的杰出贡献奖。

一个有目标的人,只要全身心地投入到追求目标的努力中,那么就没有做不到的事情。如果我们曾有一千次对理想的追求,那么,我们有什么理由去抱怨第一千零一次失败的遭遇呢?我们又怎能在一千零 N 次的时候,与苦苦期盼的成功失之交臂呢?

敢于向命运挑战

身残志坚、拼搏进取的女青年张海迪,以残疾之躯完成了许多健全人都无法做到的事情,因此成为一代中国青年的楷模,被誉为"中国的保尔"。

5 岁时因患脊髓病,胸以下全部瘫痪,从那时起,张海迪开始了她独特的人生历程。她无法上学,便在家自学完中学课程,又自学了大学英语,还学习了日语和德语,翻译了 16 万字的外文著作和资料。另外她还自学了十几种医学书籍和医科院校的部分教材,同时向有经验的医生请教,学会了针灸等医术。为了对社会有所贡献，她曾给农村的孩子当过老师，还曾用学到的医学知识和针灸技术为群众无偿治疗达 1 万多人次。她还用学过的无线电技术在山东省莘县广播局做无线电修理工。

1973 年春天，张海迪跟着爸爸妈妈来到城里之后，一切又要重新开始了。她成了待业青年，又一个人在家里了。这时候她想："我现在是待业了，待业难道就真的只能这样消极等待吗？不，我虽是一个残废青年，但也应该用自己的双手重新开辟一条为人民服务的路。"于是，她又像过去一样，在艰难困苦中开始学画画、音乐和外语，她在医院继续为人治病，她在县广播站当一名修理工……忍着病痛刻苦学习的张海迪终于拥有了自己的财富。凭着这笔财富，她最终自学成才，取得了成功。

1983 年，张海迪开始走上文学创作的道路。她以顽强的毅力克服病痛和困难，精益求精地进行创作，执著地为文学而战，先后翻译了《海边诊所》、《小米勒旅行记》和《丽贝卡在新学校》，还创作了《鸿雁快快飞》、《向天空敞开的窗口》、《生命的追问》、《轮椅上的梦》、《绝顶》等作品，在青少年中引起强烈的反响。

1991 年，张海迪在做过癌症手术后，继续以不屈的精神与命运抗争，她开始发奋学习哲学专业研究生课程。经过不懈的努力，她写出了论文《文化哲学视野里的残疾人问题》。1993 年，她在吉林大学哲学系通过了研究生课程考试，并通过了论文答辩，被授予了哲学硕士学位。

张海迪还做了大量的社会工作。她以自己的演讲和歌声鼓舞着无数青少年奋发向上。她也经常去福利院、特教学校、残疾人家庭，看望孤寡老人和残疾儿童，给他们送去礼物和温暖。近年来，她为乡下的村里建了一所小学，帮助贫困和残疾儿童治病读书，还为灾区的孩子捐款，捐献了自己的稿酬六万余元，为残疾人事业的发展作出了突出的贡献。

一个人能不能取得成就，不在于条件的好坏，而在于有没有奋斗的精神，有没有向命运挑战的勇气。平时，有些人总以条件差、困难多作为没有取得成就的理由，但是，和张海迪相比，这些困难是多么微不足道呀！

拼搏的人生才是有意义的

人生就像一条河,时而平缓,时而湍急。你在河流当中,可以选择较安全的方式,沿着岸边慢慢移动,也可以停止不动,或者在漩涡中不停打转。

你失意了,陷入了一个漩涡,为了检测你是否比以前更自信,你可以游向危险的河中央,突破重重艰难险阻,奔向理想的彼岸。

摩洛·路易士的非凡成就来自于他自己的两次成功的拼搏, 一次在20岁,另一次在32岁。

摩洛在19岁时随家人一起搬到纽约。在此之前,他的生活已是多彩多姿,比一般人丰富许多。由于家人皆爱好音乐、喜剧,所以在这种环境的熏陶之下,摩洛几乎能演奏所有的乐器,他是一般人眼里的天才儿童——不到10岁,他便能指挥交响乐团;12岁时,他从事鸡蛋专卖,做得有声有色,雇有16名少年为他工作;到了14岁,他独立组织了一个舞蹈团;高中毕业之后,他又投身新闻界担任一名采访记者,与许多新闻界的老前辈一起工作;19岁时,他曾获音乐奖学金,但由于举家搬至纽约,所以只好放弃此次进修的机会。

在纽约,他在View广告公司找到了一份一周14美元的差事。对当时的情景,摩洛是这样回忆的:"那时候我经常跑外勤,工作非常忙碌,成天像发疯似的,时间也过得特别快。6点下班以后,我还到哥伦比亚大学上夜校部,主修广告。有时候,由于工作尚未做完,下课后我还会从学校赶回办公室继续未完成的工作,从11点一直工作到第二天凌晨两点。"

摩洛非常喜欢需要有创意的设计工作,而他也的确做得有声有色。

20岁时,摩洛放弃在广告公司内很有发展前途的工作,决心自己创业。这便是他人生中的第一次拼搏。他放弃收入稳定、前途似锦的工作,完全投身于未知的世界,从事创意的开发。

他的创意主要是说服各大百货公司通过CBS电视公司成为纽约交响乐节目的共同赞助人。摩洛本人认为此法十分可行:一方面,当时的百货公司业绩都不好,都希望能借助广告媒体提高形象与销售成绩;另一方面,在纽约,交响乐节目的听众多达100万人,十分值得投资。于是,摩洛便立于其间帮两边牵线。

在当时，这种性质的工作对人们来说相当陌生，所以做起来困难重重。同时说服许多家独立的百货公司，分别采纳各公司的意见加以整合，这种事过去从未有人完成过，更别说要他们拿出几百万美元的经费来。所以，一般人预测他不可能成功。

尽管如此，摩洛仍然十分卖力地在各地进行说服工作，结果他做得相当出色。一方面，他的创意大受欢迎，与许多家百货公司签订合约；另一方面，他向CBS电台提出的策划方案也被顺利接受。此后的10个星期，他干劲十足地与电视台经理一同展开一连串的广告活动。更值得一提的是，这期间他没有任何收入。

计划眼看着就要步入最后的成功阶段，但由于合约内某些细节未能达成一致意见而宣告流产，他的梦想也随之破灭。但"塞翁失马，焉知非福"，此事结束之后，CBS公司马上来找他，聘请他为纽约办事处新设销售业务部门的负责人，并支付给他3倍于以往的薪水。于是，摩洛又再度活跃，他的潜力得以继续发挥。

在CBS公司服务了几年之后，摩洛再度回到广告业界工作，但这次不是从基层做起，而是直跃龙门——他担任了承包华纳影片公司业务的汤普生智囊公司的副总经理。

那个时代，电视尚未普及，与今日相比仍处于摇篮期。但摩洛非常看好它的远景，认为电视必将快速发展，便专心致力于这种传播媒体的推广。由该公司所提供的多样化综艺节目为CBS公司带来空前的大成功。

这便是摩洛人生中的第二次拼搏。为了它，他再次放弃原来可以平步青云的机会，走入另一个未知的世界。但这次冒险并不完全是孤注一掷的，摩洛是在看准之后才堆上自己的"赌注"的。最初两年，他仅是纯义务性地在"街上干杯"节目中帮忙，没想到竟使该节目大受欢迎，从播映以来从未间断过，并成为最受欢迎的综艺节目之一。这在竞争激烈的电视界内是非常少见的现象。除了节目成功之外，他还被CBS公司任命为所有喜剧、戏剧、综艺节目的制作主任。

就这样，摩洛的两次挺进行动，两次都游向激流中央，最后都获得了成功，他的下一步又将游向何方，我们不得而知。但我们在祝福他成功之余，同时也要向他学习，以他为榜样，勇敢地到生活的大海中去拼搏。

你屈服了,失败就胜利了

也许过去的一切,对某些人来说是一部极痛苦、极失望的伤心史。所以,有的人在回想过去时,会觉得自己处处失败、碌碌无为,在衷心希望成功的事情上失败了,他们所至亲至爱的亲属朋友也远离他们而去。也许他们曾经失掉了职位,或是因为种种原因而不能使自己的家庭得以维系。在这些人看来,自己的前途似乎是十分惨淡的。然而即便有上述的种种不幸,只要你不甘屈服,胜利就在前方向你招手。

阿里在一家煤炭商店里当推销员。这家商店生意虽然还算不错,但毗邻的那家规模庞大的连锁商店却从不在阿里的店中买煤,而宁愿跑很远的路到别的煤炭店去购买。这一情况使阿里百思不得其解,每当他看到连锁店的运输卡车拉着在别人的店中购买的煤炭,从自己的店门口飞奔而过时,心中便泛起一种说不出的滋味,更苦恼的是这家连锁商店经理拒不接待他的造访,"这样下去不行,连紧邻的关系都打不通,我怎么能算得上是一个推销人员呢?"于是阿里暗下决心,非要打通或说服连锁商店经理从他店中购买煤炭不可。

一天上午,阿里彬彬有礼地出现在连锁商店总经理的办公室里。"尊敬的总经理先生!"阿里说道,"今天来打搅您并不是为了向您推销我店的煤炭,而是有一件事想请您帮忙。最近我们准备就'连锁商店的普及化将对我国产生什么影响'为题召开一个讨论会,我将要在会上发言。您知道,在这方面,我是个外行。因此,我想向您请教有关这方面的一些知识和情况。因为除了您,我再也想不出其他更加合适的能给我指点迷津的人了。我想您不会拒绝我的请求吧!"

结果如何呢?事后,阿里说:"开始我和这位经理约定,只打搅他几分钟。只有这样,他才同意接待我。结果,我们却谈了将近两个小时。这位经理不仅谈了他本人经营连锁商店的经过以及他对连锁商店在国家商业中的地位与作用的认识,而且他还吩咐一位曾写过一本关于连锁商店的小册子的部下,送一本所写的书给我;他又亲自打电话给全美连锁商店工会,请他们给我寄一份有关这个问题的讨论纪录稿副本。谈话结束,我起身告辞,这位经理满面笑容地将我送到门口。他祝我在讨论会上的发言能赢得听众、取得成功，又再三叮嘱我一定要将讨论会的详情告诉他。临别时，他对我说的最后一句话是："从春季开始，请你再来找我。我想本店的用煤由贵店来提供，不知行不行？"

有人或许要说，已经失败多次了，所以再试也是徒劳无益。这种想法真是太自暴自弃了！对永不屈服的人来说就没有所谓失败。无论成功是多么遥远，失败的次数有多少，最后的胜利仍然在他的期待之中。狄更斯在他的小说里讲到一个守财奴——斯克鲁奇，其最初是个爱财如命、一毛不拔、残酷无情的家伙，他把全部的精力都放在钱上。可是到了晚年，他竟然变成了一个慷慨的慈善家，一个宽宏大量和真诚爱人的人。狄更斯的这部小说并非完全虚构，世界上也真有这样的事情。人的禀性都可以由恶劣变为善良，人的事业又何尝不能由失败变为成功呢？现实生活中这样的例子也不少，许多人失败了再站起来，始终不怕挫折，抱着不屈不挠的无畏精神向前奋进，最终都获得了成功。世界上有一些人，虽然已经丧失了他们所拥有的一切东西，但你不能把他们叫做失败者，因为他们仍然有一种不可屈服的意志，有一种坚忍不拔的精神。

美国著名成功学家温特·菲力说："失败是走上更高地位的开始。"许多人之所以获得最后的胜利，就是受恩于他们的屡败屡战。没有遇见过大失败的人，有时反而不知道什么是大胜利。通常来说，失败会给勇敢者以果断和决心。的确，逆境可以激励人心，帮助你战胜生活之路上的"恐怖地带"。

进退有度，事业成功

在适当的时候，学会"退"不是屈服、软弱，而是非常务实、通权达变的智慧。"退"可改变现况、转危为安，是一种战术，也是一种战略，更是高调做事的必然要求。

战国时期，晋文公重耳曾在国外流亡，辗转来到楚国，楚成王把他当作国君一样的贵宾对待。一天，成王在为重耳举行的宴会上问道："公子要是回到晋国当国君以后，用什么来报答我呢？"重耳考虑了一下说道："如果托您的福，能够返回晋国，有朝一日不幸两国军队在中原相遇，我将后退三舍回避您，以报答今日的盛情。若这样做还得不到您的谅解，我也就只有驱马搭箭与您周旋一番了。”

公元前632年，晋文公采纳中军元帅先轸的计谋，离间了楚国与齐、秦的关系后，又离间了曹、卫与楚的关系。楚国被激怒，楚令尹子玉立即率军北上，征伐晋国。

晋文公见楚军逼近，便下令晋军后撤90里(古时一日行军30里为一舍，90里即为三舍)。晋军后撤引起将士不解，他们认为，晋国之君躲避楚国之臣，这是一种耻辱的举动，何况楚军在外转战多时，攻宋国一直不能克，士气已经衰竭，晋军不应后退。

其实，晋文公下令退兵90里，一方面是为了实现诺言，更重要的还是军事上的需要，想以此法来激励晋军将士，同时也使晋军避开楚军的锋芒，进一步养成楚令尹子玉的骄横情绪，然后选择有利的时机和地势同楚军会战。

果然，晋军撤到城濮后，宋、齐、秦等国也分别派来了军队支持晋文公的行动。而在楚军中，一些将士见晋军撤退90里，也主张就此撤军返楚。但是，子玉却坚决不同意，他认为晋军的后撤是惧怕楚军的表现，于是率领楚军紧追不舍，一直到城濮的一个山头下才驻扎下来。结果，城濮一战，楚军被晋文公打败。

以退为进也是现代商战争霸中的重要谋略。美国著名企业——美国钢铁公司就曾成功地运用这一谋略反败为胜。

众所周知，美国钢铁公司是1901年由三家钢铁企业合并而成的巨型企业。50年代，该公司是世界上最大的钢铁公司。到了60年代，日本钢铁公司占了上风，夺走了美国钢铁公司在世界钢铁界的魁首地位，美国钢铁公司屈居第二。

大卫·罗德里克出任美国钢铁公司董事长后，为了从困境中摆脱出来，他采取了以退为进的策略：首先缩小公司的规模，然后再谋求新的发展。罗德里克在任期间，总共关闭了150座工厂，减少了30%的炼钢生产能力，淘汰了54%的职员，裁减了10万名工人。与此同时，他出售了公司的大片林地、水泥厂、煤矿和建筑材料供应厂等资产，获得了将近20亿美元的活动资金。随后，罗德里克与公司有关人员一起，对美国几家大企业进行研究，最后以50亿美元的价格收购了一家石油公司。罗德里克此举的目的一是想扩大公司的业务范围，二是为公司拓展新的发展道路，以防不测。果然,当西方钢铁业最不景气的风暴袭击美国时,美国钢铁公司不仅没有受到钢铁企业纷纷破产倒闭浪潮的波及, 而且由于开辟了石油业务,在面临困难环境的大背景下,公司还得到了发展,一个季度的营业额就达45亿美元,仅石油及天然气的营业额就有25亿美元,从中获利3亿美元。美国钢铁公司又开始重振当年的雄风。

以退为进是高调做事的一种手段,如果使用得当,就会取得事半功倍的效果。在商场竞争中,一个经营者如果不懂得以退为进的谋略,就会在盲目前进中碰壁。反之,当你所经营的产品出现市场疲软、难以销售的时候,当你与竞争对手在实力对比上相差悬殊、难以取胜的时候,不妨采用退一步的策略,以退求进,定能比盲目前进取得更大的成效。

积极态度造就积极人生

在前进的途中,不可能什么事情都是一帆风顺的,总会遇到各种各样的困难、挫折,无论是来自自身的,还是来自外界的。能不能忍受一时的不顺利,这就要看你是否有雄心壮志。

世界顶尖电影巨星史泰龙,他的父亲是一个赌徒,母亲是一个酒鬼。父亲赌输了,又打母亲又打他;母亲喝醉了也拿他出气。他在拳脚交加的家庭暴力中长大,常常是鼻青脸肿,皮开肉绽。因此,他面相很不美,学习也不好。高中辍学后,便在街头当混混儿。直到20岁的时候,一件偶然的事刺激了他,使他醒悟:“不能,我不能这样做。如果这样下去,岂不是和自己的父母一样吗?成为社会的垃圾、人类的渣滓,带给别人、留给自己的都是痛苦——不行,我一定要成功!”

他下定决心,要走一条与父母迥然不同的路,活出个人样来。但是做什么呢? 他长时间思索着。从政,可能性几乎为零;进大企业去发展,学历和文凭是目前不可逾越的高山; 经商, 又没有本钱……他想到了当演员——当演员不需要文凭,更不需要本钱,一旦成功,却可以名利双收。但是他显然不具备当演员的条件,长相就很难使人有信心,又没接受过任何专业训练。然而,他认为当演员是他今生今世唯一出头的机会,所以立志决不放弃,一定要成功!

于是,他来到好莱坞,找明星、找导演、找制片……找一切可能使他成为演员的人，处处哀求：“给我一次机会吧，我要当演员，我一定能成功！”

很显然，他一次又一次被拒绝了。但他并不气馁，他知道，失败定有原因。每被拒绝一次，他就认真反省、检讨、学习一次，痴心不改，又去找人……不幸得很，两年一晃过去了，钱也花光了，他只能在好莱坞打工，做些粗重的零活。

他暗自垂泪，甚至失声痛哭。难道真的没有希望了吗？难道赌徒、酒鬼的儿子就只能做赌徒、酒鬼吗？不行，我一定要成功！他想，既然不能直接成功，能否换一个方法试试。他想出了一个“迂回前进”的思路：先写剧本，待剧本被导演看中后，再要求当演员。幸好现在的他已经不是刚来时的门外汉了。两年多的耳濡目染，每一次拒绝都是一次口传心授、一次学习、一次进步。因此，他已经具备了写电影剧本的基础知识。

一年后，剧本写出来了，他又拿去遍访各位导演，“这个剧本怎么样？让我当男主角吧！”普遍的反映都是剧本还可以，但让他当男主角？简直是天大的玩笑！他再一次被拒绝了。

他不断对自己说：“我一定要成功，也许下一次就行，再下一次、再下一次……”在他一共遭到1300多次拒绝后的一天，一个曾拒绝过他20多次的导演对他说：

“我不知道你能否演好，但我被你的精神所感动。我可以给你一次机会，但我要把你的剧本改成电视连续剧，同时，先只拍一集，就让你当男主角，看看效果再说。如果效果不好，你便从此断绝这个念头吧！”

为了这一刻，他已经做了三年多的准备，终于可以一试身手了。机会来之不易，他不敢有丝毫懈怠，全身心地投入。第一集电视剧就创下了当时全美最高收视纪录——他成功了！

史泰龙的健身教练哥伦布医生曾这样评价过他：“史泰龙每做一件事都百分之百地投入。他的意志、恒心与持久力都是令人惊叹的。他是一个行动家，他从来不呆坐着让事情发生，而是主动地令事情发生。”

爱默生说：“伟大高贵人物最明显的标志，就是他有坚定的意志，不管环境变化到何种地步，他的初衷与希望仍然不会有丝毫的改变，而终至克服障碍，以达到所企望的目的。”

“跌倒了再站起来，在失败中求胜利。”这是高调做事的成功秘诀。

有人问一个孩子是怎样学会溜冰的，那孩子回答道：“哦，跌倒了爬起来，爬起来再跌倒，就学会了。”个人的成功实际上就是这样一种精神：跌倒不算失败，跌倒了站不起来才是失败。

人生就是不断地进取

有人向美国薪水最高的职业经理询问成功的秘诀，他说：“我还没有成功呢！没有人会真正成功，前面还有更高的目标。”

爱迪生、斯旺以及许多科学家在同一时期研究电灯。当时人们对制造电灯的原理已经很清楚了——即把一根通电后发光的材料放在真空的玻璃泡里，待解决的是一些具体问题——如何让它更轻便、成本更低廉、照明时间更长。

其中最主要的问题也是竞争的焦点在于灯丝的寿命。

爱迪生全力以赴地投入了这项研究，有位记者对他说：“如果你真的让电灯取代了煤气灯，那可要发大财了。”爱迪生说：“我的目的倒不在于赚钱，我只想跟别人争个先后，我已经让他们抢先开始研究了，现在我必须追上他们，我相信会的。”

在当时的社会上，爱迪生已经声名赫赫，他仅仅宣布可以把电流分散到千家万户，就导致煤气股票暴跌12%。

他本人是冷静的，在设想成为现实之前，他要像小时候在火车上做实验一样踏踏实实地干。他已经是一个改进了电话、发明了留声机、创造了不计其数的奇迹的著名“魔术师”，但他也是这样的人——一旦取得了成果，就把它忘掉，奔向下一个目标。

用来做灯丝的材料，他尝试过炭化的纸、玉米、棉线、木材、稻草、麻绳、马鬃、胡子、头发等纤维，铝和铂等金属，总共1600多种。那段时间，全世界都在等着他的电灯。

经过一年多的艰苦研究，他找到了能够持续发光45小时的灯丝，在45个小时中，他和他的助手们神魂颠倒地盯着这盏灯，直到灯丝烧断，接着他又不满足了：“如果它能坚持45个小时，再过些日子我就要让它燃烧100个小时。”

两个月后，灯丝的寿命达到了170个小时。《先驱报》整版报道他的成果，用尽溢美之词：“伟大发明家在电力照明方面的胜利”、“不用煤气，不出火焰,比油便宜,却光芒四射”、“15 个月的血汗”……新年前夕,爱迪生把 40 盏灯挂在从研究所到火车站的大街上,让它们同时发亮来迎接出站的旅客,其中不知多少人是专门赶来看奇迹的。这些只见过煤气灯的人,最惊讶的不是电灯能发亮,而是它们说亮就亮、说灭就灭,好像爱迪生在天空中对它们吹气似的。有个老头还说:“看起来蛮漂亮的,可我就是死也不明白这些烧红的发卡是怎么装到玻璃瓶子里去的。”

大街上响彻着这样的欢呼:“爱迪生万岁!”然而,爱迪生的讲演使人们再次惊讶:“大家称赞我的发明是一种伟大的成功,其实它还在研究中,只要它的寿命没有达到 600 小时,就不算成功。”

那以后,他在源源不断的祝贺信、电报和礼物中,在铺天盖地的新闻中,默默地改进着灯泡,向 600 小时迈进,结果,他的样灯的寿命达到了 1589 小时。

在人的身上,有种神秘的力量叫做进取心。它不允许我们懈怠,它让我们永不满足,每当我们达到一个高度,它就召唤我们向更高的境界努力。

靠进取心获得成功

一旦形成不断自我激励、始终向着更高境界前进的习惯,身上所有的不良品质和坏习惯都会逐渐消失。在一个人的个性品质中,只有被鼓励、被培养的品质才会成长,而消灭不良品质的最好方法就是消灭它们赖以生存的环境和土壤。

人们通常很早就会意识到进取心在叩响自己心灵的大门,但是,如果不注意它的声音,它就会渐渐远离,正如其他未被利用的功能和品质一样,雄心也会退化,甚至尚未发挥任何作用就消失得无影无踪了。

即使最伟大的雄心壮志,也会由于多种原因受到严重的伤害。拖延懈怠、避重就轻的习惯都会严重地削弱一个人的雄心,影响一个人的斗志。

如果你发现自己在拒绝这种来自内心的召唤、这种激励你奋进的声音,要留神,别让它越来越微弱以至消失,别让进取心衰竭。当这个积极的声音在你耳边回响时,一定要注意聆听它,它是你最好的朋友,会指引你走向光明和快乐。

从前，在宾夕法尼亚的一个山村里，住着一位卑微的马夫，后来这位马夫竟然成了美国最著名的企业家之一，他就是查尔斯·齐瓦勃先生。

齐瓦勃先生是如何获得成功的呢？他的成功秘诀是：每谋得一个职位，他从不把薪水的多少视为重要的因素，他最关心的是和过去的位置相比，新位置的前途和希望是否更远大。

他最初在钢铁大王安德鲁·卡耐基的工厂做工，当时的他就自言自语地说："总有一天，我要做到本厂的经理。我一定要努力做出成绩来给老板看，使老板主动来提拔我。我不会计较薪水的高低，我只要记住：要拼命工作，要使自己的工作产生的价值远远超过我的薪水。"

他下定决心后，便以十分乐观的态度去工作。30 岁时，他成了卡耐基钢铁公司的总经理，39 岁时，他又出任全美钢铁公司的总经理。

齐瓦勃只要获得一个位置，就决心做所有同事中最优秀的人。当同事抱怨待遇低微时，齐瓦格把注意力集中在工作上。他明白，目前的待遇好坏与他将来注定要获得的财富相比，是微不足道的，计较这几美元是很无聊的。

他看清了周围人的卑微愿望和平庸命运，也在自己的卓越之路上默默努力。他做任何事情都保持乐观的心态、愉快的情绪，他在业务上努力做到尽善尽美、精益求精。人们习惯于把难度高的事情都交给他来处理，他渐渐成了公司的主心骨。

如果你认为自己做得挺好，可以站稳脚跟了，别人也这么告诉你，那你应该听听这番话："其实你的薪水不算多，你要是不想争取更多，恐怕就连这点薪水也不能保住。现在做事情像逆水行舟一样，不做得更好，就会做得更差。你知道有多少人在盯着你吗？那些能够做得更好的人，正等着把你挤下去呢。"

浅尝辄止、安于现状、不思进取的人不会做出什么大成绩。一个有崇高目标、期望成就大业的人，总是不停地超越自我、拓宽思路、扩充知识，希望比周围的人走得更远。

他有足够坚强的意志激励自己做出更大的努力，争取更好的结果。

作为一个职员，如果你想迅速得到提升，就找一些同事们干不了的工作，努力去完成它。

做好了，就容易超越那些资历比你高的职员。如果一个人做起事来总是精益求精，总是让别人惊喜，上司自然会注意到他，必要时自然会把他提拔到重要的位置。

没有一个雇主不喜欢有上进心的下属，他们也在随时观察员工们的表现。

绝不可养成没有监督逼迫就不能好好工作的恶习。无论上司在不在，都要忠于职守、全力以赴，工作不是装样子给上司看，而是为自己的发展创造条件。

你只要留心观察周围的情况，就会发现，有很多事不需要上司吩咐就可以去做。面对这些事，千万不要有这样的想法：反正上司不在，省省力气吧；照着上司的吩咐，按部就班就可以了；没有补贴，我才不加班呢。过于计较自己付出的劳动是否超过了报酬，这样的人不会有升迁的机会，哪怕他才华横溢。

因此，一个人无论是在工作中还是做其他事情，都必须要高标准、严要求，都必须把经验、学识、智慧和创造力发挥得淋漓尽致，争取达到惊人的效果。

胜利属于最坚韧的人

失败是对一个人人格的考验，在一个人除了生命以外，一切都已丧失的情况下，内在的力量到底还有多少？有没有勇气继续奋斗？自认失败的人，那么他所有的力量便会全部消失。而只有毫不畏惧、勇往直前、永不放弃的人，才会在自己的生命里有伟大的进展。有时候环境是可以改变的，只要你不是自怨自艾或垂头丧气，而是以顽强的信念对待一切，就能为自己创造辉煌的前程。

拿破仑幼时的生活是十分清苦的。他的父亲是出身于科西嘉的贵族，虽然后来因家道中落而一贫如洗，但他的父亲仍以贵族的身份孤高自傲，仍旧多方筹措费用，把拿破仑送到柏林市的一所贵族学校去求学，借以维持自己家门的尊严。但是那所学校的学生大多家境优裕，丰衣足食，拿破仑自己则破衣敝履，十分拮据，所以常受到那些贵族子弟的欺负和嘲笑。

起初他还勉强忍耐着那些同学的作威作福，但后来实在忍不住了，便写了一封信给父亲，抱怨他的苦处。

信上说:“因为贫穷,我已经受尽了同学们的嘲弄调侃,我真不知应该怎样对付那些妄自尊大的同学。其实他们只是比我多几个臭钱罢了,在思想道德上，他们远不及我。难道我一定要在这些奢侈骄纵的纨绔子弟面前,过着低声下气的生活吗？”

他父亲的回信只有短短的两句话:“我们穷是穷，但是你非在那里继续读下去不可。等你成功了,一切都将改变。”

就这样,他在那个学校里继续上了 5 年学,直到毕业为止。在这 5 年里,他受尽了同学们的各种欺负凌辱,但每受到一次欺负和凌辱,他的志气就增长一分,他决心要把最后的胜利拿给他们看。

当然,要达到这个目标的确并非易事,那么拿破仑是怎样做的呢?

他只有在心里暗自计划,决定好好痛下苦功、充实自己,使自己将来能够获得远在那些纨绔子弟之上的权势、财富和荣誉。

可是不久,拿破仑又受到了另一个严重的打击:在 20 岁时,他那孤高自傲的父亲去世了。

家里只剩下他和母亲两人。那时他只是一名少尉,所赚的薪水仅够他们母子两人勉强维持生计。

在军队中,他由于体格衰弱、家境贫困,处处受人轻视,不但上司不愿提拔他,就是同事也瞧不起他。

因此,当同伴们利用闲暇时间娱乐时,他则独自苦干,把全部精力都放在书本上,希望用知识和他们一争高下。好在读书对于他好像呼吸一样顺当,他可以不费分文地向各图书馆借得他所需要的读物,从书里获得宝贵的学问。

拿破仑读书有着明确的目的,他从不读那些无用的书来消遣解闷,而是专门寻求那些能使他有所成就的书来读。他的“书房”是一间又闷又小的陋室,在那里他终年勤学不倦。

他在孤寂、闷热、严寒中从不间断地苦学了好几年,单单从各种书籍中摘录下来的文字,就可印成一本四千多页的巨书了。

此外他更把自己当成正在前线指挥作战的总司令，把科西嘉当作双方血战的必争之地,画了一张当地最详细的地图,用极精确的数学方法,计算出各处的距离远近,并标明某地应该怎样防守,某地应该怎样进攻。

这种练习使他的军事知识大大进步,终于得到上级的赏识,给他提供了一条晋升之路。

他的上级了解了他的才学之后，将他升任为军事教官，专教需要精确计算的种种课程，结果学员成绩十分优秀。

从此，他便逐渐被人们所认识，直至获得全国最高的权力。

真正伟大的人，对于世间所谓的种种成败并不介意，他们不以物喜，不以己悲，无论面对多么大的失望都绝不气馁，因此终能获得最后的胜利。

制定具有挑战性的目标

如果你的目标是赚一万元，那么你的打算只不过是能糊口而已。如果这就是你的目标及工作的原因，那么你在工作时会有兴奋劲吗？你会热情洋溢吗？

我们不妨把一个看似让人生畏的高度分解成若干个“跳台”，层层往上飞跃，每个进步都会使我们心里多些成就感，更激励着我们往前冲刺，更有助于我们走向成功。

假如你看到体重达 8600 公斤的大鲸鱼跃出水面 1.6 米，并为你表演各种动作，我想你一定会发出惊叹，将这视为奇迹。

而确实有这么一只创造奇迹的鲸鱼，它就是美国西部黄金海岸海洋馆的当家明星——虎鲸柯亚。

柯亚的训练师向外界披露了训练的奥秘：开始时他们先把绳子放在水面以下，使柯亚不得不从绳子上方通过，柯亚每次经过绳子上方就会得到奖励，它会得到鱼吃，会有人拍拍它并和它玩，训练师以此对柯亚表示鼓励。

当柯亚从绳子上方通过的次数逐渐多于从下方经过的次数时，训练师就会把绳子提高。无疑，正是这种不断提高挑战性的目标使得柯亚飞跃出了这一可载入吉尼斯世界纪录的高度。

柯亚的训练师给我们展示了一把开启自己或者他人成功大门的金钥匙。

对柯亚如此，对于聪明的人类来说更是这样，制定挑战性的目标会使一个人的潜能得到最大限度的发挥。

当你问NBA职业篮球的“飞人”麦克尔·乔丹，是什么因素造成他不同于其他职业篮球运动员并能多次赢得个人或团队的胜利?是天分吗?是球技吗？他会告诉你说：“NBA里有不少有天分的球员，我也可算是其中之一，可是造成我跟其他球员截然不同的原因是，你绝不可能在NBA里找到一个像我这么拼命的人。我只要第一，不要第二。”这就是麦克尔·乔丹的目标。

你或许会感到不解，到底麦克尔?乔丹拼命不懈的动力来源于何处?那是发生于他念高中一年级时一次篮球赛上的挫败，从而激起他决心不断地向更高的目标挑战。就在这个目标的促使下，飞人乔丹一步步成为全州、全美国大学乃至NBA职业篮球历史上最伟大的球员之一，他的事迹改写了篮球比赛的纪录。

那天，乔丹被学校篮球队退训。回到家，他哭了一个下午。在那个重大打击下，他原可能就此决定不再打篮球了，可是没有，他反而把这个教训转变为强烈的愿望：为自己制定一个更高追求的标准和目标——他不仅要重新成为球队的一员，并且还要成为最棒的。他的决定发自内心且很坚决，由此他改变了自己的命运，也让篮球比赛的发展为之改观。

在升高二之前的暑假中，他找到校队教练克里夫顿·贺林寻求帮助，每天在贺林的指导下进行密集训练，终于，他被选为校队一员参加比赛。10年之后，他也证明了NBA芝加哥公牛队教练道格·柯林斯的见解：准备得越充足，幸运就越会跟着来。经常有很多人不愿意给自己制定目标，因为害怕失败，然而他们却不懂得设定目标乃是成功的基石。

一个具有挑战性的目标必须含有某种能激励你自我拓展、自我提升的要素，这些要素会帮助你不断成长、改变、进步。

欲成大器不图眼前利益

有个青年向一位富翁请教成功之道。富翁拿了3块大小不等的西瓜放在青年面前：“如果每块西瓜代表一定程度的利益，你选哪块？”

“当然是最大的那块！”青年毫不犹豫地回答。富翁笑了笑说：“那好，请吧！”富翁把那块最大的西瓜递给了青年，而自己吃起了最小的那块。很快富翁就吃完了，随后他拿起桌上的最后一块西瓜得意地在青年面前晃了晃,大口吃了起来。青年马上明白了富翁的意思:富翁吃的瓜虽然不比青年的大,却比青年吃得多。如果每块瓜代表一定程度的利益,那么富翁占的利益自然就比青年多。

三个年轻人一同结伴外出,寻求发财机会。

在一个偏僻的山镇,他们发现了一种又红又大、味道香甜的苹果,由于地处山区,信息、交通都不发达,这种优质苹果仅在当地销售,售价非常便宜。

第一个年轻人立刻倾其所有,购买了10吨最好的苹果,运回家乡,以比原价高两倍的价格出售,这样往返数次,他成了家乡的第一名万元户。

第二个年轻人用了一半的钱,购买了100棵最好的苹果苗运回家乡,承包了一片山坡,把果苗栽种上。整整三年的时间,他精心看护果树,浇水灌溉,没有一分钱的收入。

第三个年轻人找到果园的主人,用手指指果树下面,说:“我想买些泥土。”

主人一愣,接着摇摇头说:“不,泥土不能卖。卖了还怎么长果?”

他弯腰在地上捧起满满一把泥土,恳求说:“我只要这一把,请你卖给我吧,要多少钱都行!”

主人看着他,笑了:“好吧,你给一块钱拿走吧。”

他带着这把泥土返回家乡,把泥土送到农业科技研究所,化验分析出泥土的各种成分、湿度等。然后,他承包了一片荒山坡,用了整整三年的时间,开垦、培育出与那把泥土一样的土壤。然后,他在上面栽种上苹果树苗。

结果,10年过去了,这三位一同结伴外出、寻求发财之路的年轻人的命运却迥然不同。

第一位购买苹果的年轻人现在每年依然还要去购买苹果,运回来销售,但是因为当地信息和交通已经很发达,竞争者太多,所以每年赚的钱很少,有时甚至不赚或者赔钱。

第二位购买树苗的年轻人早已拥有自己的果园,但是因为土壤不同,长出来的苹果有些逊色,但是仍然可以赚到相当的利润。

第三位购买泥土的年轻人,也是最后拥有并收获苹果的人,他种植的苹果个大味美,和原来的苹果相比不相上下,每年秋天引来无数的购买者，总能卖到最好的价格。

我们往往发现眼前的利益就是最大和最好的，但等到我们把事情做完后才发现，原来还要耗费那么多的精力和时间。而如果用同等的精力和时间去做别的事情，虽然一下子没有那么大的利益，但是做的事情却多得多，总利益也比做一件事情要多得多。所以，只有放弃眼前的蝇头小利，才能获得长远的大利。

万丈高楼起于平地

不管是做什么事情，都要重视基本功的训练，只有打好基础，才能有好的成绩。成功人士的经验之谈是："还没有学会走，就想学跑，那肯定会摔跟头。"要建成高楼大厦，必须打好地基。

达·芬奇是意大利文艺复兴时期的伟大画家，他所画的《最后的晚餐》、《蒙娜丽莎》等被视为世界画坛上的瑰宝。据说他的《蒙娜丽莎》传到法国的时候，法国国王弗郎西斯一世曾以惊人的高价买了去。

达·芬奇之所以能在绘画上取得这样的成就，和他自幼刻苦练习基本功是分不开的。

达·芬奇出生在意大利翡冷翠附近的一个小镇上，他的父亲就是当时这个城镇中的画吏。在父亲的熏陶下，达·芬奇从小就很喜欢绘画。14 岁那年，他到了文艺复兴时期的名城佛罗伦萨，拜当时著名的艺术家弗罗基俄为老师，开始了他的绘画生涯。

弗罗基俄是一位非常严格的老师。第一堂课开始了，小达·芬奇坐在弗罗基俄的对面。弗罗基俄拿着一个鸡蛋耐心地对他说："孩子，学绘画要打好基础，你今天就从画这个鸡蛋开始吧！"于是，达·芬奇就照着老师的要求开始画起鸡蛋来。

第一天过去了，第二天开始了，达·芬奇带着期待的心情等着老师给上新的一课。可是没有想到，这一天老师还是拿着一个鸡蛋走到他身边，二话没说还是让他画这个鸡蛋。第三天、第四天过去了，老师还是让他画鸡蛋。

这时候，达·芬奇才明白：老师是让他在这个鸡蛋上好好下一番工夫。所以，他也不再去问老师了，而是一心一意地画起鸡蛋来。

可是两年过去了，老师还没有提出新的课题。达·芬奇想：一个小小的鸡蛋，一个简单的椭圆，画了两年，总算可以了吧！他再也忍耐不下去了。

一天，老师走过来，他慢慢地站起来问道："老师，你让我画这个鸡蛋已经两年了，什么时候才算画完呢？"老师看出了达·芬奇不耐烦的心情，便对他说："你不要认为画鸡蛋很简单、很容易，如果你这样想那就错了。

要知道，在一千只鸡蛋当中，从来没有两只鸡蛋的形状是完全相同的；即使是同一只鸡蛋，只要变换一个角度来看它，也会呈现出各种不同的形状，比如把头抬高一点看，或者把头放低一点看，鸡蛋的形状和轮廓就不大相同。

所以要在纸上准确地把它表现出来，非得下一番苦功不可。我让你多画鸡蛋，是为了训练你观察形象的能力，训练你能够得心应手地表现事物的能力。

等到你的手眼一致了，那时你对任何事物的形象就都能应付自如了，这个基础是必须要打好的。"

达·芬奇听了老师这番话后，又专心地画起了鸡蛋。后来，达·芬奇的艺术水平有了很快的提高，终于成为世界上伟大的艺术家。

达·芬奇画蛋的故事告诉人们：要在艺术上有较高的造诣，在基础上下一番苦工夫是非常必要的。

正像中国俗话所说的"磨刀不误砍柴工"、"千里之行，始于足下"，都包含着在基础上下工夫的思想。

实干才能脱颖而出

实干精神能够让一个人实现自己的愿望，从芸芸众生中脱颖而出。如果人们都能全身心地投入到自己的工作中去，即便是能力一般的人，也能取得很好的成绩。

每一个老板都会觉得勤勤恳恳、全神贯注、充满热情的员工更有价值，每一次提升对他们都是莫大的鼓励。

作为企业家，爱迪生是实干型的。23岁时创办工厂，招募了一批工程师、工匠，层出不穷地推出各种电气发明。这些人都热爱自己的工作，迷恋自己充满创造力的头脑和双手。他们都是工作狂，而爱迪生是"总工作狂”。

他每天的睡眠时间不到四个小时。他的办公桌就在车间一角，每当完成一项发明，他就站起来，跳起非洲大陆的原始舞，嘴里还念念叨叨：“这么简单的解决办法，怎么原来没想到呢？”

这已经成了一种标志、一种信号，工人们一看到老板跳舞就围过来，他们知道又有新鲜事可做了。订单像雪片一样飞来，工厂在不断增加人手的情况下还要日夜开工。

工人们没有抱怨，共同的兴趣在他们和老板之间建立了友谊，更何况这个不吝啬的老板经常用金钱奖励他们。

因此，富有诗意的心态、愉快乐观的精神、饱满的生活热情，都会使你把枯燥乏味的日常工作看成是充满激情的事业，并身体力行。

“生活中有一条颠扑不破的真理，”英国哲学家约翰·密尔说，“不管是最伟大的道德家，还是最普通的老百姓，都要遵循这一准则，无论世事如何变化，也要坚持这一信念。它就是，在充分考虑到自己的能力和外部条件的前提下，进行各种尝试，找到最适合自己的工作，然后集中精力、全力以赴地做下去。”

约翰·密尔把勤奋工作看成是一个人拥有真正生活的保护神。

在他去世的前几年，当被问及用一句简单的话概括生活的准则时，他说：“这条准则可以用一个词表达——工作。工作是生活的第一要义。不工作，生命就会变得空虚，就会变得毫无意义，也不会有乐趣，没有谁游手好闲却能感受到真正的快乐。只有工作、实干，才能谱写美好人生。”

不为薪水所奴役

有一些年轻人，当他们刚走出校门时，就对自己抱有很高的期望值，认为自己一开始工作就应该得到重用，就应该得到相当丰厚的报酬。

他们喜欢在工资上相互攀比，似乎工资成了他们衡量一切的标准。

通过一个人的工作态度就能够判断其品行。如果工作时能全力以赴，不敷衍了事，不偷懒混日，即使现在的薪水微薄，未来也一定有所收获。

卡罗·道恩斯原来是一名普通的银行职员，后来受聘于一家汽车公司，工作了六个月之后，他想试试是否有提升的机会，于是直接写信向老板杜兰特毛遂自荐。老板给他的答复是:“任命你负责监督新厂机器设备的安装工作,但不保证加薪。”

道恩斯没有受过任何工程方面的训练,根本看不懂图纸,但是,他不愿意放弃任何机会。于是,他发挥自己的领导才能,自己花钱找到一些专业技术人员完成了安装工作,并且提前了一个星期。结果,他不仅获得了提升,薪水也增加了10倍。

“我知道你看不懂图纸,”老板后来对他说,“如果你随便找一个理由推掉这项工作,我可能会让你走人。”

成为千万富翁的道恩斯退休后担任南方政府联盟的顾问,年薪只有象征性的一美元,但是他仍然不遗余力,乐此不疲,因为“不为薪水而工作”已经成为他工作的一种习惯。

那些职位低下、薪水微薄的人,忽然间被提升到一个重要的位置,看起来似乎有些莫名其妙,常常遭受人们的质疑。

但实际上,在他们拿着微薄的薪水时,却始终没有放弃努力,始终保持一种尽善尽美的工作态度,满怀希望和热情地朝着自己的目标而努力,因而获得了丰富的经验,而这些正是他们晋升的真正原因。

如果你做每一件工作都是那么热忱、尽责,不计报酬,那么,你就将自己与那些花费大部分时间关心休息、福利、薪水和下班时间的人区分开来了。

现在的努力并不是为了现在的回报,而是为了未来。人生并不是只有现在,而且有更长远的未来。

固然,薪水要努力多挣些,但那只是个短期的小问题,最重要的是获得不断晋升的机会,为未来获得更多的收入奠定基础。

更何况生存问题需要通过发展来解决,眼光只盯着温饱,得到的永远只有温饱。

不要只为薪水而工作,因为薪水只是工作的一种报酬方式,虽然是最直接的一种,但也是最浅薄的。

一个人如果只为薪水而工作,没有更高尚的目标,那就不是一种好的人生选择,受害最深的不是别人,而是自己。

想要攀上成功之阶,最明智的方法就是选择一件即使酬劳不多也愿意做下去的工作。

当你热爱自己所从事的工作时，金钱就会随之而来。你也将成为人们竞相聘请的对象，并且获得更丰厚的酬劳。

要征服世界，先战胜自己

人的一生，会经历无数风风雨雨、坎坎坷坷，遭遇无数的对手和敌人，但最强大的敌人并不是外部的，而是我们自己。

正如哲人罗兰所说："最强的对手不一定是别人，而可能是我们自己。在战胜别人之前，先得战胜自己。"

世界球王，被人们称为"黑珍珠"的巴西足球运动员贝利，自幼酷爱足球运动，并很早就显示出超人的才华。有一次，小贝利参加了一场激烈的足球赛，累得喘不过气来。

休息时，贝利向小伙伴要了一支烟。他得意地吸起烟来，嘴里吐出一缕缕淡淡的烟雾。小贝利有点儿陶醉了，似乎刚才极度的疲劳也云消雾散了。

这一切被他的父亲看到了，父亲的眉头皱起了一个大疙瘩。晚上，父亲坐在椅子上问贝利："你今天抽烟了？"

"抽了。"小贝利意识到自己做错了事，红着脸，低下了头，准备接受父亲的训斥。

但是，父亲并没有发火。他从椅子上站起来，在屋里来来回回走了好半天，才平静地对贝利说："孩子，你踢球有几分天资，也许将来会有出息。可惜，你现在要抽烟了，抽烟会损害身体，使你在比赛时发挥不出应有的水平。"

小贝利的脸更红了。父亲又语重心长地接着说："作为父亲，我有责任教育你向好的方向努力，也有责任制止你的不良行为。但是，是向好的方向努力，还是向坏的方向滑去，决定于你自己。我只想问问你，你是愿意抽烟呢，还是愿意做个有出息的运动员呢？孩子，你该懂事了，自己选择吧！"

说着，父亲还从口袋里掏出一叠钞票，递给贝利，并说道："如果你不愿意做个有出息的运动员，执意要抽烟的话，这点钱就作为你抽烟的经费吧。"父亲说完便走了出去。

小贝利望着父亲远去的背影，仔细回味着父亲那深沉而又恳切的话语，不由得哭了。

过了好一阵，小贝利猛然醒悟了，他拿起桌上的钞票还给了父亲，并坚决地说："爸爸，我再也不抽烟了，我一定要当个有出息的运动员。"

从此以后，贝利不但与烟绝缘，还刻苦训练，球艺飞速提高。他15岁参加桑托斯职业足球队，16岁进入巴西国家队，并为巴西队长久占有"女神杯"立下奇功。

如今，贝利已成为拥有众多企业的富翁，但他仍然不抽烟。

在缺陷面前不退缩、不消沉。若想在自己内心建立自信，就应像洒扫街道一般，首先应将街道上最阴湿黑暗之角落的自卑感清除干净，然后再种植信心，并加以巩固。

罗斯福小时候是一个脆弱胆小的学生，在学校课堂上总显露出一种惊惧的表情。

他的呼吸就好像喘大气一样。如果被喊起来背诵，他立即会双腿发抖，嘴唇也颤动不已，回答起来含含糊糊，然后颓然地坐下来。由于牙齿的暴露，难堪的境地使他更没有一个好的面孔。

他很敏感，常会回避同学间的任何活动，不喜欢交朋友，是一个只知自怜的人！然而，罗斯福虽然有这方面的缺陷，但却有着奋斗的精神——一种任何人都可具有的奋斗精神。事实上，缺陷促使他更加努力奋斗。

他没有因为同伴对他的嘲笑而降低勇气。他喘气的习惯变成了一种坚定的嘶声，他用坚强的意志，咬紧自己的牙床使嘴唇不颤动来克服惧怕。

没有一个人能比罗斯福更了解自己，他清楚自己身体上的种种缺陷。他从来不欺骗自己，他用行动来证明自己可以克服先天的障碍并得到成功。

凡是他能克服的缺点他便克服，不能克服的便加以利用。通过演讲，他学会了如何利用一种假声掩饰他那无人不知的暴牙，以及他的打桩工人的姿态。虽然他的演讲并不具有任何惊人之处，但他不因自己的声音和姿态而退缩。

由于罗斯福没有在缺陷面前退缩和消沉，而是充分全面地认识自己，在意识到自我缺陷的同时能正确地评价自己，不因缺憾而气馁，甚至将它加以利用，变为资本，变为扶梯而登上名誉巅峰。

在晚年，已经很少有人知道他曾有严重的缺陷了。